Sebastian Klimonczyk

RFID und Barcode im Kommissionierprozess

Diplomica® Verlag GmbH

Klimonczyk, Sebastian: RFID und Barcode im Kommissionierprozess, Hamburg,
Diplomica Verlag GmbH 2010

ISBN: 978-3-8366-8423-1
Druck: Diplomica® Verlag GmbH, Hamburg, 2010

Bibliografische Information der Deutschen Nationalbibliothek:
Die Deutsche Nationalbibliothek verzeichnet diese Publikation in der Deutschen
Nationalbibliografie; detaillierte bibliografische Daten sind im Internet über http://dnb.d-nb.de abrufbar.

Die digitale Ausgabe (eBook-Ausgabe) dieses Titels trägt die ISBN 978-3-8366-3423-6
und kann über den Handel oder den Verlag bezogen werden.

Dieses Werk ist urheberrechtlich geschützt. Die dadurch begründeten Rechte,
insbesondere die der Übersetzung, des Nachdrucks, des Vortrags, der Entnahme von
Abbildungen und Tabellen, der Funksendung, der Mikroverfilmung oder der
Vervielfältigung auf anderen Wegen und der Speicherung in Datenverarbeitungsanlagen,
bleiben, auch bei nur auszugsweiser Verwertung, vorbehalten. Eine Vervielfältigung
dieses Werkes oder von Teilen dieses Werkes ist auch im Einzelfall nur in den Grenzen
der gesetzlichen Bestimmungen des Urheberrechtsgesetzes der Bundesrepublik
Deutschland in der jeweils geltenden Fassung zulässig. Sie ist grundsätzlich
vergütungspflichtig. Zuwiderhandlungen unterliegen den Strafbestimmungen des
Urheberrechtes.

Die Wiedergabe von Gebrauchsnamen, Handelsnamen, Warenbezeichnungen usw. in
diesem Werk berechtigt auch ohne besondere Kennzeichnung nicht zu der Annahme,
dass solche Namen im Sinne der Warenzeichen- und Markenschutz-Gesetzgebung als frei
zu betrachten wären und daher von jedermann benutzt werden dürften.

Die Informationen in diesem Werk wurden mit Sorgfalt erarbeitet. Dennoch können
Fehler nicht vollständig ausgeschlossen werden, und der Diplomica Verlag, die Autoren
oder Übersetzer übernehmen keine juristische Verantwortung oder irgendeine Haftung
für evtl. verbliebene fehlerhafte Angaben und deren Folgen.

© Diplomica Verlag GmbH
http://www.diplomica-verlag.de, Hamburg 2010
Printed in Germany

Abstract

RFID-unterstützte Prozesse spielen in der Logistik eine immer wichtigere Rolle. Es bestehen jedoch zahlreiche andere Systeme, die in Konkurrenz zu RFID stehen. Eines davon ist das Barcode-System, welches in der Logistik weltweit fast nicht wegzudenken ist. Im Rahmen dieser Bakkalaureatsarbeit wird ein Referenzmodell für den Einsatz der RFID-Technologie in der Kommissionierung erstellt. Mittels ARIS wird der Prozess einmal für das Barcode-System und einmal für RFID modelliert und die beiden werden einander gegenübergestellt. Da es eine große Anzahl an Modellierungsmethoden gibt, wird in dieser Arbeit die Auswahl auf die ereignisgesteuerte Prozesskette (EPK), das Entity-Relationship Modell (ERM), das Organigramm und den Funktionsbaum eingeschränkt. Nach dem Vergleich der beiden Systeme werden mögliche unternehmensinterne und -externe Effizienzpotentiale aufgezeigt, welche die Vorteile des Einsatzes von RFID in der Kommissionierung unterstreichen sollen. Es werden jedoch nicht nur positive Komponenten von RFID-Systemen, sondern auch mögliche Gefahren und Verbesserungsvorschläge aufgezeigt, die eine globale Harmonisierung voraussetzen.

Schlüsselwörter
Kommissionierung, RFID, Barcode, EAN128, Referenzmodell

Inhaltsverzeichnis

Abstract 1
Inhaltsverzeichnis 1
Abbildungsverzeichnis 3
Tabellenverzeichnis 6
Abkürzungsverzeichnis 7
1. Einleitung 9
    1.1. Problemstellung 9
    1.2. Fragestellung 9
    1.3. Vorgehen 10
    1.4. Projektmanagement 11
2. Ein Überblick über die RFID und Barcode Technologie 14
    2.1. Technologiediffusion 14
    2.2. Komponenten eines RFID-Systems 15
        2.2.1. Energieversorgung 16
        2.2.2. Bauformen von Transpondern 17
        2.2.3. Frequenzbereiche 20
        2.2.4. Speichertechnologie 22
    2.3. Risiken 22
    2.4. Sicherheitsmaßnahmen 24
        2.4.1. Sicherheit für den Anwender 25
        2.4.2. Sicherheit für den Betreiber 25
    2.5. EPC 25
    2.6. Barcode – EAN128 26
        2.6.1. Aufbau und Größe der Symbole 27
        2.6.2. Informationsgehalt 28
    2.7. Gegenüberstellung Barcode und RFID 29
3. RFID in der Supply Chain 32
    3.1. Darstellung der Logistik 33
    3.2. Einsatzmöglichkeiten in der Lagerlogistik 34

3.2.1.	Wareneingang	34
3.2.2.	Förderprozesse bei Unstetigförderer	35
3.2.3.	Kommissionierung	35
3.2.4.	Qualitätssicherung im Warenausgang	35
3.3.	Grundlagen und Definition der Kommissionierung	36
3.3.1.	Kommissioniervorgang	36
3.3.2.	Kommissioniersysteme	37
3.3.3.	Neue Kommissioniersysteme	42

4. Referenzmodellierung 44

4.1.	Modellierung der Kommissionierung	44
4.2.	Unterschied EAN128 und RFID	62
4.3.	Einsatz der RFID-Kommissionierung bei PAPSTAR	63
4.4.	Effizienzpotentiale und Handlungsempfehlung	64

5. Zusammenfassung 69

6. Literaturverzeichnis 70

Anhang A 75

Anhang B 77

B.1. Organigramm 79

B.2. Entity Relationship Modell 80

B.3. Funktionsbaum 81

B.4. Ereignisgesteuerte Prozesskette 82

Anhang C 85

Anhang D 86

Abbildungsverzeichnis

Abbildung 1 - Projektstrukturplan 12
Abbildung 2 - GANTT-Chart 13
Abbildung 3 - Branchen die mittefristig von RFID profitieren (Bovenschulte et al. 2007) 15
Abbildung 4 - Lesegerät und Transponder sind die Grundbestandteile jedes RFID-Systems (Finkenzeller 2006) 15
Abbildung 5 - Prinzipieller Aufbau des RFID-Datenträgers, des Transponders. Links: induktiv gekoppelter Transponder mit Antennenspule, rechts: Mikrowellen-Transponder mit Dipolantenne. (Finkenzeller 2006) 16
Abbildung 6 - Verschiedene Bauformen von Disk-Transpondern. (Foto Deister Electronic, Barsinghausen) rechts: Transponderspule und Chip vor dem Einbau in ein Gehäuse. Links: unterschiedliche Bauformen von Leseantennen. 17
Abbildung 7 - Großaufnahme eines 32-mm-Glastransponders 18
Abbildung 8 - Transponder im Plastikgehäuse (Foto: Philips Semiconductors, Hamburg) 18
Abbildung 9 - Schlüsselanhänger-Transponder für Zutrittssystem (Foto: Philips Semiconductors Gratkorn, A-Gratkorn) 19
Abbildung 10 - Uhr mit integriertem Transponder als kontaktlose Zutrittsberechtigung. (Foto: Junghans Uhren GmbH, Schramberg) 19
Abbildung 11 - Halbtransparente kontaktlose Chipkarte. Deutlich zu erkennen die Transponderantenne entlang des Kartenrandes. (Foto: Giesecke & Devrient, München) 19
Abbildung 12 - Ein Smart-Label besteht im Wesentlichen aus einer dünnen Papier- oder Plastikfolie, auf die die Transponderspule und der Transpondership aufgebracht werden. (Foto: Tag-It Transponder, Texas Instruments, Freising) .. 20
Abbildung 13 - Aufbau des EPC (GS1 Germany 2009) 26
Abbildung 14 - Aufbau eines EAN128 Strichcodes (GS1 Austria 2009) 28
Abbildung 15 - EAN128 Strichcodesymbol (GS1 Austria 2009) 29
Abbildung 16 - Vergleich der Einsatzmerkmale von RFID- und Barcode-Systemen (Hompel und Schmidt 2005) 31

Abbildung 17 - Lager-Prozesskette und beispielhafte RFID-Anwendung (Mucha et al. 2008) 34

Abbildung 18 - Das Kommissioniersystem und seine Teilsysteme (VDI-Richtlinie 2005) 1

Abbildung 19 - Strukturbaum Materialfluss (VDI-Richtlinie 2005) 1

Abbildung 20 - Strukturbaum Organisationssystem (VDI-Richtlinie 2005) 1

Abbildung 21 - Strukturbaum Informationsfluss (VDI-Richtlinie 2005) 1

Abbildung 22 - Referenzmodell Kommissionierung 45

Abbildung 23 - EPK der Kommissionierung für Barcode Teil 1...................................48

Abbildung 24 - EPK der Kommissionierung für Barcode Teil 2...................................49

Abbildung 25 - EPK der Kommissionierung für RFID Teil 1..50

Abbildung 26 - EPK der Kommissionierung für RFID Teil 2..51

Abbildung 27 - EPK der Behälteraufnahme in der Kommissionierung (links Barcode, rechts RFID) 53

Abbildung 28 - EPK der Artikelidentifikation (links Barcode, rechts RFID) 54

Abbildung 29 - Verbuchen der kommissionierten Ware im System (links Barcode, rechts RFID) 55

Abbildung 30 - Kontrolle der kommissionierten Ware (links Barcode, rechts RFID)..56

Abbildung 31 - Funktionsbaum der Kommissionierung 58

Abbildung 32 - Organigramm der Kommissionierung 59

Abbildung 33 - Allgemeines ERM der Kommissionierung 60

Abbildung 34 - ERM des Artikels (links RFID, rechts Barcode) 61

Abbildung 35 - Exemplarische Stakeholderanalyse (Scholz-Reiter et al. 2007) 66

Abbildung 36 - Auszug aus der Application Identifier (AI) Liste (GS1 Austria 2009)..75

Abbildung 37 - Einteilung der Application Identifier (AI) nach der Informationshierarchie 76

Abbildung 38 - ARIS-Haus (Scheer 1998) 77

Abbildung 39 - ARIS-Haus mit typischen Modellen in den Sichten (Gadatsch 2007) 79

Abbildung 40 - ARIS Notation für das Organigramm (Gadatsch 2007) 80

Abbildung 41 - Kernelemente der Datenmodellierung (Gadatsch 2007) 81

Abbildung 42 - Notation eines Funktionsbaumes (Gadatsch 2007) 81

Abbildung 43 - Notation eines EPKs..83

Abbildung 44 - Beispiel einer elementaren EPK (Gadatsch 2007) 84

Abbildung 45 - Referenzmodell Kommissionierung – Allgemein (Pfingsten und Rammig 2006) 85

Abbildung 46 - Beispiel eines Organigramms (Gadatsch 2007) 86

Abbildung 47 - Beispiel eines ER-Modells (Gadatsch 2007) 86

Abbildung 48 - Beispiel eines Funktionsbaumes (IDS/ARIS-Toolset) 87

Tabellenverzeichnis

Tabelle 1 - Projektdefinition anhand der Ausprägungen von Geschäftsprozessen....11

Tabelle 2 - Meilensteinplan 12

Tabelle 3 - Kenngrößen von RFID-Technologien (Oertel et al. 2004) 21

Tabelle 4 - Vergleich von Barcode und RFID zeigt Vor- und Nachteile. (Finkenzeller 2006; Duscha 2006; RFID Basis 2008) 30

Tabelle 5 - Neue Kommissioniersysteme (Steiner 2004) 43

Tabelle 6 - Beispielhafte SWOT-Analyse (Scholz-Reiter et al. 2007) 65

Tabelle 7 - Kosten-Nutzen-Bewertung RFID (Scholz-Reiter et al. 2007) 67

Abkürzungsverzeichnis

AI	Application Identifier
ASCII	American Standard Code for Information Interchange
ARIS	Architektur integrierter Informationssysteme
DV	Datenverarbeitung
EAN	European Article Number
EDI	Electronic Data Interchange
EEPROMs	Electrically Erasable Programmable ROM
EPC	Electronic Product Code
EPK	Ereignisgesteuerte Prozesskette
ERM	Entity-Relationship Modell
FRAM	Ferroelectric Random Access Memory
GTIN	Global Trade Item Number
HF	Herzfrequenz
LF	Low-Frequency
RAM	Random Access Memory
RF	Radio Frequenz
RFID	Radio Frequency Identification
ROM	Read Only Memory
SSCC	Serial Shipping Container Code
SWOT	Strenghts-Wieknesses-Opportunities-Threats
UHF	Ultra-High-Frequency

1. Einleitung

Der Begriff RFID (Radio Frequency Identification) ist in den letzten Jahren in größeren Bereichen bekannt geworden. Ein Grund, weshalb RFID so großes Interesse weckt, sind die gesunkenen Kosten, welche den Einsatz dieser Technologie vorantreiben. RFID ermöglicht eine kontaktlose Erkennung von Gütern über Funk, wodurch sich besonders der Handel Verbesserungen und Vereinfachungen für jegliche Art von Prozessen erhofft.

Dieses Kapitel gibt einen Überblick über die Problemstellung und das Vorgehen dieser Bakkalaureatsarbeit. Neben der Eingrenzung des Themengebietes, wird auch auf die Sichtweisen der ARIS-Modellierung eingegangen.

1.1. Problemstellung

Die Anwendungsmöglichkeiten der RFID-Technologie in der Supply Chain sind nahezu unbegrenzt. Dies ist ein Grund, weshalb der Technologie große Einsatzmöglichkeiten zugeschrieben werden. Jedoch gibt es im Supply Chain Management zahlreiche bestehende Systeme, die in Konkurrenz zu RFID stehen, wie zum Beispiel die Strichcode-Technologie oder die DataMatrix. Es gilt in dieser Arbeit ein tiefergehendes Verständnis für die Technologie in diesem Bereich zu gewinnen und ein Modell für den zwischenbetrieblichen Datenaustausch zu erstellen. Es soll darauf eingegangen werden, wie sich die RFID-Technologie im Bereich des Supply Chain Management entwickelt, wobei im weiteren Teil der Arbeit näher auf den Logistikbereich der Kommissionierung eingegangen wird. Weitere Bereiche, auf die nicht näher eingegangen wird, sind die physikalischen Grundlagen für RFID-Systeme, sowie Frequenzbereiche und Funkzulassungsvorschriften.

1.2. Fragestellung

Ziel dieser Arbeit ist es, im Kontext der Logistik eine systematische Analyse der Einsatzmöglichkeiten von RFID im Vergleich zu den derzeit bestehenden Strichcodesystemen vorzunehmen. Eine weitere Frage, die sich stellt, ist: Hat sich das

EAN128 System schon so weit durchgesetzt, dass es nicht mehr von RFID abgelöst werden kann oder können die Vorteile des RFIDs doch überzeugen und das EAN128 ablösen? Dies wird nicht mehr Teil des Referenzmodells sein, sondern im Theorieteil dieser Arbeit abgehandelt.

1.3. Vorgehen

Im ersten Arbeitsschritt wird ein kurzer Überblick der RFID-Technologie gegeben, sowie auf die technischen Grundlagen der Komponenten des RFID-Systems eingegangen. Des Weiteren wird die RFID-Technologie dem Barcode gegenübergestellt, um so Vor- und Nachteile der beiden Systeme zu veranschaulichen und Risiken aufzudecken.

Im nächsten Teil der Arbeit wird die Verwendung des RFID in der Supply Chain dargestellt. Ein Überblick der Supply Chain soll die Einsatzmöglichkeiten der RFID-Technologie beim Hersteller und für die Logistik aufzeigen. Ein Fokus wird hierbei auf den Einsatz im Kommissionierungsprozess gelegt. Es sollen mögliche Produktivitätssteigerungen im Vergleich zu der Strichcodetechnologie aufgezeigt und modelliert werden.

Der letzte Teil dieser Arbeit beschäftigt sich mit der Referenzmodellierung. In diesem wird ein Modell für den Einsatz der RFID-Technologie in der Kommissionierung erstellt und näher erläutert. Es sollen auch etwaige Einsparungspotenziale aufgezeigt werden. Für die Erstellung der Modelle wurde das Tool ARIS Business Architect 7.1 verwendet. Im Mittelpunkt der Modellierung soll auf folgende ARIS-Sichten eingegangen werden:

- *Die Funktionssicht*, anhand eines Funktionsbaumes
- *Datensicht*, welche mit dem Entity-Relationship Modell dargestellt wird
- *Organisationssicht,* mittels Organigramm
- *Steuerungssicht*, mit welcher man den zeitlichen Ablauf mittels des Modells für ereignisgesteuerte Prozessketten darstellt.

Am Ende soll die Arbeit, zusammenfassend, wertvolle Schlussfolgerungen für den Einsatz der RFID-Technologie im zwischenbetrieblichen Bereich bringen, welche hoffentlich aufzeigen werden, dass der Einsatz dieser Technologie im Bereich des

Supply Chain Management und besonders in der Logistik Vorteile in zeitlicher sowie in finanzieller Hinsicht bringt.

1.4. Projektmanagement

Die Bakkalaureatsarbeit des IT-Praktikums kann durchaus als Projekt bezeichnet werden, denn ein Projekt muss folgende Merkmale aufweisen:

- (Relativ) neuartig
- Abgrenzbar
- Zieldeterminiert
- Komplex

Eine an der Wirtschaftsuniversität Wien gelehrte Definition definiert ein Projekt als eine temporäre Organisation, welche zur Durchführung eines einmaligen Prozesses mittlerer oder hoher Komplexität dient und die die Erstellung eines (im-)materiellen Objektes zum Ziel hat. Nach der Klassifizierung gängiger Projektmanagementregeln würde sich es bei dieser Arbeit um ein Kleinprojekt mit folgenden Eigenschaften handeln (Zuchi 2006):

Tabelle 1 - Projektdefinition anhand der Ausprägungen von Geschäftsprozessen

Charakteristika von Geschäftsprozessen	*Ausprägung*
Häufigkeit	einmalig
Dauer	kurz
Bedeutung	gering - mittel
Leistungsumfang	mittel
Ressourceneinsatz	gering
Kosten	gering
Organisationen	wenige

Projektstrukturplan

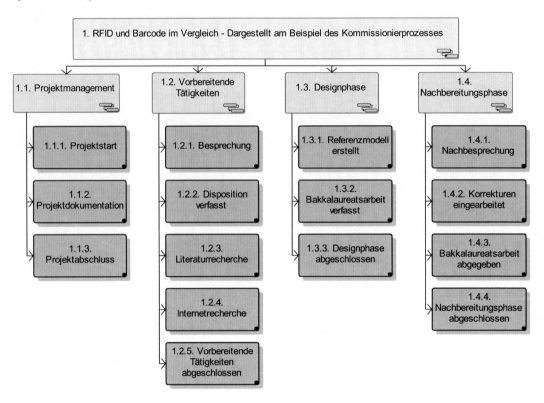

Abbildung 1 - Projektstrukturplan

Projekt-Meilensteinplan

Tabelle 2 - Meilensteinplan

PSP	Beschreibung	Soll	Ist
1.1.1.	Projektstart	13.10.2008	13.10.2008
1.2.6.	Vorbereitende Tätigkeiten abgeschlossen	09.12.2008	22.12.2008
1.3.3.	Designphase abgeschlossen	23.01.2009	09.02.2009
1.4.3.	Bakkalaureatsarbeit abgegeben	06.02.2009	25.02.2009

Projektbalkenplan – GANTT-Chart

Der ursprüngliche Projektplan sah aus wie in Abbildung 2. Jedoch verschoben sich die Prozesse des Erstellens des Referenzmodells auf Anfang Januar und die Designphase auf Anfang Februar. Die Literaturauswahl dehnte sich über das ganze Projekt aus.

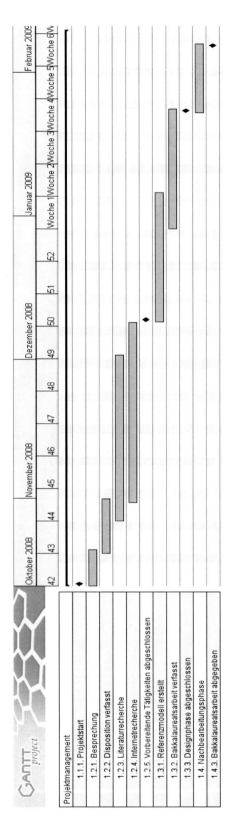

Abbildung 2 - GANTT-Chart

2. Ein Überblick über die RFID und Barcode Technologie

Dieses Kapitel geht überblicksartig auf die technischen Grundlagen der Funkidentifikation ein. Des Weiteren werden Komponenten eines RFID-Systems beschrieben und die Technologie mit der des Barcodes verglichen. Am Ende werden Risiken der RFID-Anwendungen aufgezeigt. Als Grundlage für das Kapitel diente Finkenzellers RFID Handbuch 2006.

2.1. Technologiediffusion

In vielen Einsatzfeldern, wie Zugangskontrollen, Ticketing, Logistik, Automobilindustrie und anderen, in denen RFID-Applikationen schon erfolgreich eingeführt wurden, gibt es noch zahlreiche weitere Bereiche, welche die Vorteile der Funkidentifikation nutzen könnten. Besonders Wirtschaftsbranchen wie etwa die Flugzeugindustrie (für die Ersatzteilidentifikation) oder die chemisch-pharmazeutische Industrie (die die RFID-Technologie zur Erkennung von wichtigen Grundstoffen verwenden könnte) haben noch Nachholbedarf. Schon heute werden Projekte im öffentlichen Sektor, welche Verbesserungen im Gesundheitswesen und in der Sicherheit anstreben, durchgeführt, die aktiv zum Wachstum des RFID-Marktes beitragen. (Bovenschulte et al. 2007)

Nachfolgende Abbildung fasst die Ergebnisse einer im Dezember durchgeführten Online-Befragung zusammen. Es beteiligten sich 165 Unternehmen und Ziel dieser Befragung war es herauszufinden, welche Branchen und Anwendungsfelder von RFID in den nächsten drei bis fünf Jahren die höchsten am Marktvolumen gemessenen Zuwachsraten aufweisen. Anhand dieser Befragung ist festzustellen, dass mittelfristig die höchsten Zuwachsraten im Logistikbereich zu erwarten sind.

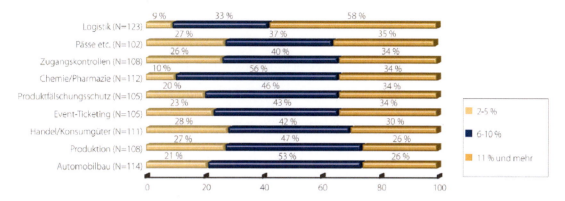

Abbildung 3 - Branchen die mittefristig von RFID profitieren (Bovenschulte et al. 2007)

2.2. Komponenten eines RFID-Systems

Ein RFID-System besteht immer aus zwei Komponenten:

- „dem Transponder, der an den zu identifizierenden Objekten angebracht wird;
- dem Erfassungs- oder Lesegerät, das je nach Ausführung und eingesetzter Technologie als Lese- oder Schreib/Lese-Einheit erhältlich ist." (Finkenzeller 2005, S.7)

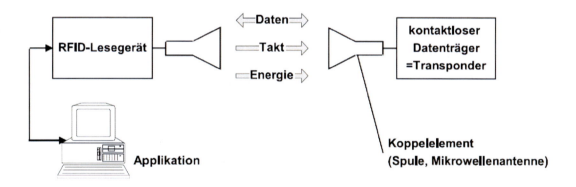

Abbildung 4 - Lesegerät und Transponder sind die Grundbestandteile jedes RFID-Systems (Finkenzeller 2006)

Typischerweise beinhalten RFID-Lesegeräte ein Hochfrequenzmodul (welches aus einem Sender und einem Empfänger besteht), eine Kotrolleinheit und ein Koppelelement. Des Weiteren verfügen die Lesegeräte über eine zusätzliche Schnittstelle, um die empfangenen Daten an weitere Systeme (wie PC oder Automatensteuerung) weiterzuleiten. Der Transponder ist der eigentliche Datenträger eines RFID-Systems, welcher aus einem Koppelelement und einem elektronischen Mikrochip besteht. Sofern der Transponder nicht mit einer Batterie gekoppelt ist, verhält sich dieser vollkommen passiv. Erst in der Nähe eines Lesegerätes wird der Transponder aktiviert und die benötigte Energie zur Datenspeicherung übertragen.

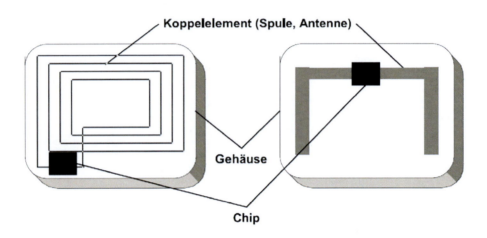

Abbildung 5 - Prinzipieller Aufbau des RFID-Datenträgers, des Transponders. Links: induktiv gekoppelter Transponder mit Antennenspule, rechts: Mikrowellen-Transponder mit Dipolantenne. (Finkenzeller 2006)

2.2.1. Energieversorgung

Ein wichtiges Element von RFID-Systemen ist die Energieversorgung der Transponder. Aktive Transponder verfügen über eine eigene Energieversorgung, welche zum Betrieb des Mikrochips ganz oder teilweise zur Verfügung steht. Das Feld des Lesegerätes zum Ablesen der Daten muss nicht so stark sein, wie es beim passiven Transponder wäre. Der aktive Transponder kann jedoch kein eigenes Hochfrequenzsignal erzeugen und kann nicht von sich aus zur Datenübertragung beitragen. Deswegen wird der aktive Transponder in der Literatur auch „semi-passiver" Transponder genannt.

Soweit der Transponder nicht an einer Batterie angeschlossen ist, muss er anderweitig mit Energie versorgt werden. Solche passiven Transponder entnehmen die Energie für ihren Betrieb dem elektrischen beziehungsweise magnetischen Feld des Lesegerätes. Die Energie wird kurzfristig im Transponder gespeichert und dient so zur Datenübertragung vom Lesegerät zum Transponder sowie umgekehrt. Außerhalb der elektrischen Spannung ist es dem Transponder nicht möglich ein Signal auszusenden.

(Finkenzeller 2006, Preis 2006)

2.2.2. Bauformen von Transpondern

RFID-Transponder tauchen in den verschiedensten Formen in unserem Alltag auf. Nachfolgend werden die häufigsten kurz mit Bild und Text beschrieben.

Disks und Münzen

Einer der häufigsten Bauformen ist der sogenannte Disk-Transponder mit einem Durchmesser von wenigen Millimetern bis zu zehn Zentimetern. In der Mitte befindet sich meistens eine Bohrung, um den Transponder mit einer Schraube zu befestigen.

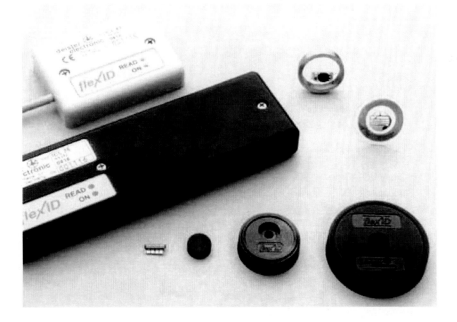

Abbildung 6 - Verschiedene Bauformen von Disk-Transpondern. (Foto Deister Electronic, Barsinghausen) rechts: Transponderspule und Chip vor dem Einbau in ein Gehäuse. Links: unterschiedliche Bauformen von Leseantennen.

Glasgehäuse

Bei der Tieridentifizierung werden Glastransponder verwendet, welche unter die Haut injiziert werden. Dieses Glasröhrchen ist lediglich 12 bis 32 Millimeter lang, in welchem sich die Transponderspule, in einem Weichkleber eingebettet, befindet.

Abbildung 7 - Großaufnahme eines 32-mm-Glastransponders

Plastikgehäuse

Um besonders hohen mechanischen Anforderungen gerecht zu werden, sind Transponder in Plastikgehäuse integriert, welche des Öfteren in größere Behälter eingebaut werden. Ein Beispiel hierfür wäre die elektronische Wegfahrsperre für Autoschlüssel.

Abbildung 8 - Transponder im Plastikgehäuse (Foto: Philips Semiconductors, Hamburg)

Schlüssel, Schlüsselanhänger und Uhren

Als Basis für diese Bauform dient ein Transponder im Plastikgehäuse, welche dann in den Schlüssel integriert oder als Schlüsselanhänger verwendet wird. Transponder in einer Uhr, gibt es schon seit Anfang der 90er Jahre und wurde anfangs nur als Skipass eingesetzt.

Abbildung 9 - Schlüsselanhänger-Transponder für Zutrittssystem (Foto: Philips Semiconductors Gratkorn, A-Gratkorn)

Abbildung 10 - Uhr mit integriertem Transponder als kontaktlose Zutrittsberechtigung. (Foto: Junghans Uhren GmbH, Schramberg)

Bauform ID1, kontaktlose Chipkarte

Immer mehr in Verwendung kommen RFID-Transponder in Chipkartenformat. Vorteil dieser Bauform ist die große Spulenfläche, welche eine hohe Reichweite ergibt. Der Transponder ist zwischen vier PVC-Folien eingeschweißt.

Abbildung 11 - Halbtransparente kontaktlose Chipkarte. Deutlich zu erkennen die Transponderantenne entlang des Kartenrandes. (Foto: Giesecke & Devrient, München)

Smart Label

Smart Label ist eine papierdünne Transponderbauform, auf welche mittels Siebdruck oder Ätztechnik die Transponderspule aufgebracht wird. Die meist 0,1 Millimeter dünne Folie wird mit einer Papierschicht laminiert und ist flexibel genug, um auf diverse Gegenstände aufgeklebt zu werden.

Abbildung 12 - Ein Smart-Label besteht im Wesentlichen aus einer dünnen Papier- oder Plastikfolie, auf die die Transponderspule und der Transpondership aufgebracht werden. (Foto: Tag-It Transponder, Texas Instruments, Freising)

2.2.3. Frequenzbereiche

Ein wesentliches Differenzierungsmerkmal bei RFID-Systemen sind die Frequenzbereiche. *„Die Wahl der Frequenz bestimmt die Reichweite, die nötige Energie und schlussendlich den Verwendungszweck."* (Sattelegger et. al 2007, S.7).

Einen kleinen Überblick über Frequenzbereiche, ISO-Standards und beispielhafte Anwendungen gibt die folgende Tabelle.

Tabelle 3 - Kenngrößen von RFID-Technologien (Oertel et al. 2004)

Parameter	Niedrigfrequenz	Hochfrequenz	Ultrahochfrequenz	Mikrowelle
Frequenz	125 – 134 kHz	13,56 MHz	868 bzw. 915 MHz	2,45 bzw. 5,8 GHz
Leseabstand	bis 1,2 m	bis 1,2 m	bis 4 m	bis zu 15 m (in Einzelfällen bis zu 1 km)
Lesegeschwindigkeit	langsam	je nach ISO-Standard*	schnell	sehr schnell (aktive Transponder)
Feuchtigkeit**	kein Einfluss	kein Einfluss	negativer Einfluss	negativer Einfluss
Metall**	negativer Einfluss	negativer Einfluss	kein Einfluss	kein Einfluss
Ausrichtung des Transponders beim Auslesen	nicht nötig	nicht nötig	teilweise nötig	immer nötig
Weltweit akzeptierte Frequenz	ja	ja	teilweise (EU/USA)	teilweise (nicht EU)
Heutige ISO-Standards	11784/85 und 14223	14443, 15693 und 18000	14443, 15693 und 18000	18000
Typische Transponder-Bautypen	Glasröhrchen-Transponder, Transponder im Plastikgehäuse, Chipkarten Smart Label, Chipkarten	Smart Label, Industrie-Ttransponder	Smart Label, Industrie-Ttransponder	Großformatige Transponder
Beispielhafte Anwendungen	Zutritts- und Routenkontrolle, Wegfahrsperren, Wäschereinigung, Gasablesung	Wäschereinigung, Asset Management, Ticketing, Tracking & Tracing, Pulk-Erfassung	Palettenerfassung, Container-Tracking	Straßenmaut, Container-Tracking

2.2.4. Speichertechnologie

Grundsätzlich kann bei RFID-Systemen zwischen zwei Speichertechnologien unterschieden werden.

- Read-only-Transponder können nach dem Programmiervorgang von einem Lesegerät nur noch gelesen werden. Diese Variante der Transponder ist kostengünstiger in der Herstellung. Sie wird bei der Produktion einmalig beschrieben. Falls variable Informationen erwünscht werden, müssen diese in einer Datenbank mit der ID-Nummer des Tags verknüpft werden.
- Read-write Transponder, sind aufgrund des bereitgestellten Speichers in der Herstellung teuer, aber *„dadurch können leistungsfähige Sicherheitsmechanismen implementiert und auch variable Informationen auf dem Transponder selbst neu gespeichert werden."* (Oertel et al. 2004, S.30)

(Oertel et al. 2004)

In der Praxis kommen häufig EEPROMs (Electrically Erasable Programmable ROM) zur Anwendung, welche die Daten ohne kontinuierliche Stromversorgung halten können. Die Schreib-Lese-Zyklen können bis zu 10^8-mal wiederholt werden.

Eine weitere Technologie, die umgangssprachlich des Öfteren Arbeitsspeicher genannt wird, ist das RAM (Random Access Memory), welches als schneller Speicher gilt. Jedoch ist für diese Art des Speicherns eine ständige Stromversorgung erforderlich. Eine Neuentwicklung ist das FRAM (Ferroelectric Random Access Memory), welches Vorteile beider Technologien aufweist. FRAM benötigt für den Datenerhalt keine Stromversorgung, ermöglicht aber bis zu 10.000-fach schnellere Schreib- und Lesevorgänge als EEPROMs. (Oertel et al. 2004)

2.3. Risiken

Auch wenn die RFID-Technologie zur Optimierung von Prozessen beitragen kann, gibt es einige Risiken, die beim Einsatz bedacht werden müssen. In den folgenden Unterkapiteln werden einige dieser Risiken kurz erläutert.

Auslesen von RFID-Tags

Ein Risiko könnte es geben, wenn Informationen auf einem RFID-Tag gespeichert werden, die dann von Unbefugten abgelesen werden. Da es sich bei der RFID-Technologie um eine Funkübertragung handelt und diese allen in der Nähe befindlichen Transpondern offen steht, besteht hierbei durchaus eine Gefahr. Jedoch ist anzumerken, dass sensible Daten, die sich zum Beispiel auf einem Reisepass oder Personalausweis befinden, verschlüsselt sind und nur mittels entsprechender Decodierung gelesen werden können. (Grau 2006, zitiert von Sattelegger et. al 2007)

Daten fälschen oder duplizieren

Sobald Daten herausgelesen werden können, ist es möglich, anhand der Daten Duplikate zu erzeugen. Hierbei können die Daten eines RFID-Chips auf einen Rohling überspielt und so falsche Produkt-Tags in den Umlauf gebracht werden. Dies könnte dazu führen, dass auch Zutrittskontrollsysteme überlistet und so Unbefugten Eintritt gewährt werden kann. (Oertel et al., zitiert von Sattelegger et. al 2007)

Deaktivieren

Ein weiteres Risiko besteht in der Deaktivierung des RFID-Tags. RFID-Tags können aufgrund eines sogenannten Lösch- oder Kill-Befehls ihre Daten verlieren oder durch physische Gewalt unbrauchbar gemacht werden. Dies führt dazu, dass das Lesegerät die RFID-Tags nicht mehr erkennt und registrieren kann. (Oertel et al., zitiert von Sattelegger et. al 2007)

Identität fälschen (Transponder)

Auch das Abfallen beziehungsweise Ablösen eines RFID-Transponders kann einen Schaden verursachen. Dies kann in einer auf RFID basierenden Wertschöpfungskette zu Verwirrung führen, da Halbfertigerzeugnisse oder Fertigprodukte nicht identifiziert werden können. Dieses Risiko scheint nicht sehr viel Schaden zu verursachen und zu Verwirrung führen, jedoch kann die Fehlerbehebung in der Datenbank doch einiges an Zeit in Anspruch nehmen. (Oertel et al., zitiert von Sattelegger et. al 2007)

Stören

Durch Störung der Übertragungsfrequenz kann das Auslesen der RFID-Tags verhindert werden. Hierbei wird ein Signal von einem Störsender ausgeschickt, welches den Datenaustausch zwischen Transponder und Lesegerät verhindert. Auch durch ein Abschirmen des Lesegerätes mit bestimmten Materialien kann ein Auslesen des RFID-Tags unmöglich gemacht werden. (Oertel et al., zitiert von Sattelegger et. al 2007)

Viren

Eine weitere, nicht unerhebliche Bedrohung entsteht durch - mittels RFID-Technologie eingeschleuste - Viren in ein Informationssystem eines Unternehmens. Die Viren verbreiten sich von dem Transponder über das Lesegerät bis hin zur Datenbank. (Schimke und Cozacu 2006 zitiert von Sattelegger et. al 2007)

Überwachung

In naher Zukunft, sobald RFID-Tags auf Gegenstände des alltäglichen Gebrauchs angebracht sind und die Anzahl an Lesegeräten im Laufe der Zeit ansteigt, können Tagesabläufe von Personen rekonstruiert und für verschiedene Zwecke missbraucht werden. (Schimke und Cozacu 2006, zitiert von Sattelegger et. al 2007)

2.4. Sicherheitsmaßnahmen

Aufgrund der Risiken muss die Nutzung der RFID-Technologie unter klaren Regularien nicht nur für die IT-Sicherheit, sondern auch für Verbraucher- und Datenschutz stehen. Es kann zu Konflikten kommen, die die Einführung von RFID-Systemen einschränken könnten (zu hohe Nachverfolgbarkeit beim Konsumenten). So wird es möglich sein, RFID-Tags an Kleidungsstücken oder Konsumartikeln mittels eines Kill-Befehls zu zerstören. Dies ist ein Schritt dazu, den Betrieb der RFID-Systeme mit außerordentlichem Verantwortungsbewusstsein und Transparenz dem Verbraucher gegenüber zu sichern. (BITKOM 2005)

2.4.1. Sicherheit für den Anwender

Die obersten Schutzziele für den Anwender beziehungsweise Nutzer sind Aspekte der Vertraulichkeit und der Verbindlichkeit. Besonders wenn es um sensible Daten oder die Lokalisierung („Location Privacy") der Anwender geht. Deswegen muss eine Aufklärung über die Verwendung erfolgen, um so die Sicherheit zu gewährleisten. (BITKOM 2005)

2.4.2. Sicherheit für den Betreiber

Der Schutzbedarf bei Betreibern liegt in unternehmenskritischen Prozessen, da hiervon der Unternehmenserfolg abhängt. Zudem besteht hohes Interesse, dass Unbefugte nicht auf Systemdaten Zugriff haben. Um den Zugriff von außen zu verhindern, ist schon beim Design der RFID-Reader-Tag-Kommunikation darauf zu achten. Um eine Veränderung oder Täuschung des Systems zu verhindern, ist der Einsatz von Kryptofunktionen zur ein- oder sogar beidseitigen Identifikation eine Möglichkeit. Jedoch sollen RFID-Tags so einfach wie möglich gehalten werden und nur minimale Information speichern und übertragen. Leider gibt es bei RFID-Systemen keine generell anwendbare Sicherheitsarchitektur. Jedoch solange nur Hersteller- und Seriennummern auf den Tags gespeichert werden und die Detailinformationen nur in der Datenbank abrufbar sind, ist das Sicherheitsrisiko für die betriebsinterne Logistikkette vernachlässigbar. (BITKOM 2005)

2.5. EPC

Der EPC (Electronics Product Code) ist eine weltweit eindeutige Nummer, die eine Identifikation von Paletten, Kartons und andere Handelseinheiten erlaubt, welche auf einem RFID-Tag abgespeichert wird.

Der EPC besteht aus mehreren Komponenten die international vereinbart wurden:

- *„Header (Datenkopf) – klassifiziert, welche EPC-Verson genutzt wird und welche Informationsart verschlüsselt ist.*
- *Filter – wird zum schnelleren Filtern von Einheiten wie z.B. Produkten, Umverpackung, Paletten eingesetzt.*

- *Partition – gibt an, wo der EPC-Manager aufhört und die Objektklasse beginnt (der EPC-Manager kann zwischen 6 und 12 stellen variieren)*
- *EPC-Manager – stellt die zugeteilte EPC Mitgliedsnummer des Nummerngebers, z.B. des Herstellers dar*
- *Object Class – bezeichnet die Objektnummer, z.B. eine Artikelnummer*
- *Serial Number – dient der Identifikation eines einzelnen Objekts"*

(GS1 Germany 2009, Der EPC)

Header	Filter	Partition	EPC Manager	Object Class	Serial Number
8 bits	3 bits	3 bits	20-40 bits	24-4 bits	38 bits
0011 0000	000	5 (decimal)	4012345 (decimal)	012345 (decimal)	123456789123 (decimal)

Abbildung 13 - Aufbau des EPC (GS1 Germany 2009)

Es ist anzumerken, dass die EPC-Nummer keine Zusatzinformationen über das Objekt mitspeichert, sondern als Zugriffsschlüssel zum EPCglobal-Netzwerk gesehen werden kann. In diesem Netzwerk können Zusatzinformationen für jeden einzelnen Artikel abgerufen werden. Des Weiteren ist der EPC zum schon vorhandenen EAN-System kompatibel. (GS1 Germany 2009)

2.6. Barcode – EAN128

Der Barcode, auch Strichcode genannt, ist eine Technologie, welche durch das Abtasten, Erkennen und Verarbeiten von hellen und dunklen sowie verschieden breiten Strichen Information weitergibt. Mittels eines Barcodelesers werden diese Informationen aufgenommen, digitalisiert und weiterverarbeitet.

EAN Identifikationsnummern sind:

- *„Eindeutig: Jeder Produktvariante eines Artikels wird eine eindeutige Nummer zugeordnet […].*
- *Nicht signifikant: Sie identifizieren einen Artikel, aber beinhalten selbst keine weitere Information.*

- *International: EAN Identifikationsnummern sind weltweit eindeutig und überschneidungsfrei in allen Ländern und Sektoren [...].*
- *Sicher: EAN Nummern haben eine fixe Länge, sind numerisch und beinhalten eine Prüfziffer.*" (Sehorz 2002, Folie 6)
- „*Vollständig: mehr als alle ASCII Zeichen sind durch drei verschiedene Zeichensätze (A, B und C) darstellbar: alphanumerische Groß- und Kleinbuchstaben, Sonderzeichen und Zahlenpaare.*" (GS1 Austria 2009, Strichcodesymbologie)

Der Barcode EAN128 definiert eine Sprache für die unternehmensübergreifende Kommunikation und baut auf den EAN13 auf. Diese Codierung basiert auf dem Code 128, welche eine Vorstufe des EAN128 darstellt. Die Weiterentwicklung des EAN-Systems, das *„inzwischen ein Weltstandard für Identifikationsverfahren schlechthin geworden ist, oder besser, der einzige Standard für wirklich grenzüberschreitende Anwendung"* (Centrale für Coorganisation 2001), erleichtert bis heute den Warenverkehr. (Hompel und Schmidt 2005)

2.6.1. Aufbau und Größe der Symbole

Der Unterschied zwischen dem EAN128 und dem Code 128 liegt in einem zweiten Startzeichen, dem so genannten Funktionszeichen 1 (FCN1). Mithilfe dieses Zeichens unterscheiden der Scanner und die Datenverarbeitungssoftware automatisch, ob es sich um einen EAN128 Strichcode oder um einen anderen handelt. (GS1 Austria 2009)

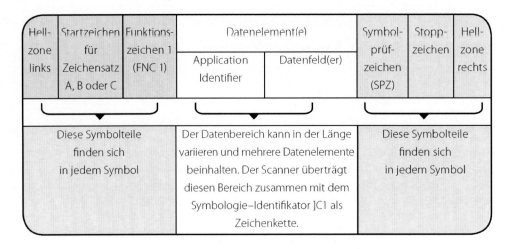

Abbildung 14 - Aufbau eines EAN128 Strichcodes (GS1 Austria 2009)

Der Zeichensatz A besteht aus allen numerischen Zeichen, Großbuchstaben sowie Steuer- und Sonderzeichen. Hingegen enthält der Zeichensatz B neben den numerischen auch alle alphanumerischen Zeichen als Groß- und Kleinbuchstaben. Der Zeichensatz C stellt nur numerische Daten als Zahlenpaare, mittels kompakter Symbole durch zwei Ziffern, dar. Für die Darstellung der Dateninhalte werden in der Klartextzeile, unter dem Barcode, Nutzdaten verwendet, welche alle Zeichen der drei Datensätze, exklusive Hilfszeichen beinhalten. Diese Zeile ermöglicht den Menschen eine lesbare Übersetzung. Der EAN128 enthält neun Hilfszeichen die nicht in dieser Klartextzeile sichtbar sind (FCN1, Start A, B, C, Code A, B, C, Shift und Stop). Die letzten beiden Zeichen in einem EAN-Code sind das Symbolprüfzeichen und das Stoppzeichen. Das Symbolprüfzeichen soll sicherstellen, dass alle anderen Zeichen richtig gelesen wurden. (GS1 Austria 2009)

2.6.2. Informationsgehalt

Für die Darstellung der Datenelemente (Application Identifier und Datenfeld) ist der Application Identifier Standard zuständig, welcher garantieren soll, dass alle Anwender eine eindeutig definierte Sprache verwenden. Der Application Identifier ist eine zwei- bis vierstellige Zahlenkombination, die das Format des Datenfeldes bestimmt. Dies bietet die Möglichkeit verschiedene Dateninhalte miteinander zu verketten. Jedoch ist die Breite auf 165 Millimeter beschränkt.[1] Die Symbolhöhe sollte mindestens 32 Millimeter betragen. Dieses Datenfeld kann den Serial Shipping Container Code, Herstellungsdatum oder andere Daten beinhalten.

Abbildung 36 und Abbildung 37 (Anhang A) zeigen einen Auszug aus der Application Identifier Liste sowie die Einteilung der Informationshierarchie (Identifikation, Kennzeichnung, Zusatzangaben). (GS1 Austria 2009)

Abbildung 15 - EAN128 Strichcodesymbol (GS1 Austria 2009)

Der Strichcode in Abbildung 15 zeigt einen EAN128 Barcode mit folgender Information: (AI) GTIN der Handelseinheit (AI) Nettogewicht (AI) Chargennummer. Klammern werden im Strichcode vernachlässigt und dienen nur zur besseren Lesbarkeit. Generell werden Transporteinheiten mit einer eindeutigen Nummer (SSCC) identifiziert. Falls keine elektronische Nachricht via EDI versendet wurde, muss zusätzlich die GTIN im Datenfeld mit verschlüsselt werden. Weitere Informationen, wie etwa das Verfallsdatum, Chargennummer oder Gewichtsangaben können je nach Anforderungen zusätzlich enthalten sein. (GS1 Austria 2009)

2.7. Gegenüberstellung Barcode und RFID

Erklärtes Ziel von Herstellern der RFID-Technik und Unternehmen, die diese Technologie bereits einsetzen, ist es, das bestehende Barcode-System zu ersetzen. Bereits heute wird die RFID-Technolgie als Nachfolger des EAN angesehen, welche die Prozesse in der gesamten Wertschöpfungskette beschleunigen oder optimieren soll. (Oertel et al. 2004)

---

[1] Die Breite wird durch die Faktoren wie „Anzahl der Nutzzeichen", „Anzahl der Hilfszeichen" und dem Vergrößerungsfaktor beeinflusst.

Das weitverbreitete und sehr kostengünstige Barcode-System, bei dem Daten auf Etiketten oder direkt auf die Verpackung gedruckt werden, stößt immer mehr an seine Grenzen. Ein großes Problem ist die geringe Datenspeicherfähigkeit und die Unmöglichkeit der Umprogrammierung der Dateninhalte. Hierbei sollen RFID-Tags Abhhilfe schaffen. Nachfolgenende Tabelle vergleicht die zwei Systeme und zeigt deren Vor- und Nachteile auf. (Duscha 2006)

Tabelle 4 - Vergleich von Barcode und RFID zeigt Vor- und Nachteile. (Finkenzeller 2006; Duscha 2006; RFID Basis 2008)

Parameter	Barcode	RFID-Systeme
Typische Datenmenge/Byte	1 ~ 100	16 ~ 64k
Datendichte	Gering	Sehr hoch
Maschinenlesbarkeit	Gut	Gut
Lesbarkeit durch Personen	Bedingt	Unmöglich
Einfluss von Schmutz/Nässe	Sehr stark	Kein Einfluss
Einfluss von (opt.) Abdeckung	Totaler Ausfall	Kein Einfluss
Einfluss von Richtung und Lage	Gering	Kein Einfluss
Abnutzung, Verschleiß	Bedingt	Kein Einfluss
Anschaffungskosten Elektronik	Sehr gering	Mittel/Hoch
Betriebskosten (z.B. Drucker)	Gering	Keine
Unbefugtes Kopieren/Ändern	Leicht	Unmöglich
Lesegeschwindigkeit (incl. Handhabung des Datenträgers)	Gering ~ 4 s	Sehr schnell ~ 0,5 s
Maximale Entfernung zwischen Datenträger und Lesegerät	0...50 cm	0...5 m, Mikrowelle
Gleichzeitige Erfassung mehrer Etiketten (Pulkerfassung)	unmöglich	möglich
Sichtverbindung	Direkte Sichtverbindung erforderlich	Funkübertragung ohne Sichtkontakt
Leserate	ca. 90%	ca. 99%

Ein Nachteil der EAN-Nummer des Barcodes ist es, dass nur die Art des Produktes erfasst werden kann und nicht die Differenzierung nach einzelnen Produkten. Des Weiteren können keine zusätzlichen Informationen abgespeichert werden. Das Pendant zur EAN des Barcodes ist bei RFID der EPC. Anhand des EPC ist jedes

Produkt identifizierbar und über das Internet jederzeit abrufbar. Die Entwicklung erfolgt durch die Organisation EPCglobal. (RFID Basis 2008)

Besonders die Pulkerfassung, also die Erfassung mehrerer Objekte gleichzeitig, bietet für Unternehmen ein hohes Optimierungspotenzial. Hier kann das altbewährte Barcode-System nicht mithalten. Ein Grund, weshalb viele Firmen mit einer Einführung der RFID-Technologie noch abwarten, sind die relativ hohen Anschaffungskosten der Sende-/Lesegeräte im Vergleich zum Barcode-System. (Duscha 2006)

Abbildung 16 veranschaulicht noch einmal die beiden Systeme anhand ihrer Einsatzmerkmale. Es ist auffällig, dass die einmaligen Kosten der Anschaffung eines Barcode-Systems sehr hoch sind, sich diese jedoch mit der Zeit aufgrund der niedrigen Betriebskosten amortisieren. Dies ist ein Vorteil des Barcode Technik, da die RFID-Tags, im Vergleich dazu, doch noch etwas teurer sind. Die Kosten für einen Barcode-Streifen belaufen sich auf ungefähr ein Cent. Der durchschnittliche Preis eines RFID-Tags beträgt hingegen circa 10 bis 50 Cent, je nach Auflage und Bauart. (RFID Journal 2009)

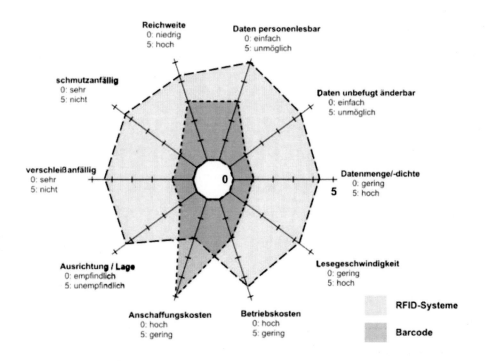

Abbildung 16 - Vergleich der Einsatzmerkmale von RFID- und Barcode-Systemen (Hompel und Schmidt 2005)

3. RFID in der Supply Chain

Das Supply Chain Management wird häufig als Anwendungsgebiet für RFID-Systeme genannt. *„In der Praxis ist „Supply Chain" ein Netzwerk verschiedener Unternehmen, die zusammen arbeiten, um ein Produkt herzustellen und es zum Endkunden zu bringen."*(Oertel et al., S. 84). In diesem Netzwerk werden der RFID-Technologie hohe Verbesserungspotentiale von Prozessabläufen zugesprochen. Des Weiteren wird es ermöglicht, Produkte und Materialien in Echtzeit stückgenau über das ganze Logistiknetzwerk nachzuverfolgen. *„Die empirische Studie „RFID – Technologie: Neuer Innovationsmotor für Logistik und Industrie?" wurde weltweit mit über 30 führenden Großunternehmen aus Deutschland, Frankreich, Österreich, Schweiz, Großbritannien und den USA durchgeführt. Dabei standen Transport- und Logistikanbieter sowie Anwender der Automobilindustrie im Vordergrund"* (Oertel et al., S. 84). Die Ergebnisse verdeutlichten, dass sich der Einsatz von RFID bei jenen Unternehmen lohnt, welche einer hohen Nachweispflicht nachkommen müssen, um so die Prozesssicherheit zu gewährleisten. (Oertel et al. 2004)

Laut Bishop (2005) bringt RFID in drei Bereichen Vorteile für den Anwender:

- Der Einsatz von RFID erhöht die Transparenz von Daten. In der Supply Chain ist besonders die aktuelle und genaue Lagerstandserfassung essentiell.
- Des Weiteren erhöht RFID die Datengenauigkeit und kann manuelle Dateneingaben oder Inventur ersparen. Durch aktuelle und genauere Lagerstände können Sicherheitsbestände unter Umständen abgebaut werden.
- Nicht nur die Genauigkeit von Daten ist durch RFID gewährleistet, sondern auch der Informationsfluss kann beschleunigt werden, was zu kürzeren Planungsperioden führen kann.

Die Supply Chain ist ein wichtiges Konzept der Logistik. Eine überblickartige Darstellung der Logistik wird auf den folgenden Seiten beschrieben und es wird näher auf die Kommissionierung eingegangen.

3.1. Darstellung der Logistik

Die Bedeutung der Logistik für Unternehmen ist beträchtlich. Die Einführung erfolgreicher Logistikkonzepte kann die Wettbewerbsfähigkeit enorm steigern. Laut einer Definition von Kummer (2003) *„ist Logistik das Management von Prozessen und Potentialen zur Realisierung unternehmensweiter und unternehmensübergreifender Material- und Warenflüsse sowie dazugehörigen Informationsflüsse."*

Die Logistik kann in vier Subsysteme untergliedert werden, welche wären:

- die Beschaffungslogistik, welche vom Lieferanten in das Eingangslager geht, auch Inbound genannt
- die Produktionslogistik, die für die Material- und Warenwirtschaft sowie die Verwaltung von Halbfabrikaten in Zwischenlagern zuständig ist
- die Distributionslogistik, auch bekannt unter Absatzlogistik. Sie kümmert sich um den Transport der Waren vom Vertriebslager bis hin zum Kunden. Bekannt geworden ist sie unter Outbound.
- Die Entsorgungslogistik, auch Reverselogistik genannt, ist zuständig für die Rücknahme von Abfällen und Leergut sowie das Recycling.

(Koether 2008)

Die folgenden Unterkapitel gehen näher auf die Einsatzmöglichkeiten von RFID in der Lagerung, im Speziellen in der Kommissionierung, ein, welche zu den bedeutenden Funktionsbereichen der Logistik gehören.

3.2. Einsatzmöglichkeiten in der Lagerlogistik

Schon heute wird die RFID-Technologie im Bereich der Logistik von großen Handelskonzernen eingesetzt. Dadurch geraten Zulieferer und Abnehmer immer mehr unter Zugzwang, damit eine lückenlose Identifizierung von Waren gewährleistet wird. In der folgenden Abbildung werden beispielhafte RFID-Anwendungen in der Lager-Prozesskette aufgezeigt.

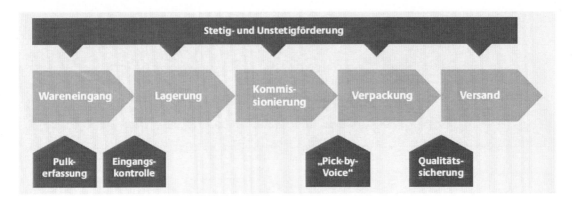

Abbildung 17 - Lager-Prozesskette und beispielhafte RFID-Anwendung (Mucha et al. 2008)

3.2.1. Wareneingang

Große Optimierungspotentiale bietet die RFID-Technologie beim Wareneingang. Grundsätzlich werden die angelieferten Waren mit Barcode vom Wareneingangspersonal per Hand eingescannt. Hierbei kann es passieren, dass die Palette, auf der sich die Ware befindet, ausgerichtet werden muss, um Sichtkontakt mit dem Scanner herzustellen. Da kann eine RFID-Lösung Kosten und Zeit sparen. Kartonagen oder Paletten müssen nicht speziell ausgerichtet werden um sie zu erfassen. (Mucha et al. 2008)

Schon beim Wareneingang kann die Pulkerfassung erhebliche Vorteile liefern. Anhand dieser Pulkfähigkeit können so mehrere Ladeeinheiten in Sekundenschnelle erfasst werden. Was wiederum zu einer Reduzierung von Prozesszeiten führt. Falls der Wareneingang mittels Fördermittel abläuft, bringt es des Weiteren den Vorteil, dass keine Unterbrechungen vorkommen müssen. Die Waren werden an einem Lesegerät vorbeigeführt und können so identifiziert werden. (Mucha et al. 2008)

3.2.2. Förderprozesse bei Unstetigförderer

Eine weitere Möglichkeit, die RFID-Technologie einzusetzen, ist bei Förderprozessen durch Unstetigförderer, wie zum Beispiel bei Staplern in Lagersystemen. Der Stapler muss jedoch als mobiles Erfassungssystem im Unternehmen integriert sein. Beim Beladen des Staplers erfasst dieser die mit RFID -bestückte Palette und liefert die Daten an ein EDV-System weiter. Der Fahrer des RFID-Staplers erhält umgehend Informationen, wo die Palette hingebracht werden muss. Wie im letzten Beispiel können auch hier Prozesszeiten eingespart werden. Der Staplerfahrer identifiziert die Palette beim Beladen, ohne diese vorher auszurichten und zu scannen. (Mucha et al. 2008)

3.2.3. Kommissionierung

Auch in der Kommissionierung eröffnet die Technologie einige neue Möglichkeiten. Diese werden, nach einer Einführung in die Kommissionierung, im Kapitel 3.3. genauer aufgezeigt.

3.2.4. Qualitätssicherung im Warenausgang

Ein sensibler Bereich in der Lagerlogistik ist die Qualitätssicherung im Warenausgang. Es muss sichergestellt werden, dass jeder Kundenauftrag, der das Lager verlässt, einer zuvor entgegengenommenen Bestellung entspricht. Mit RFID-Transpondern bestückte Artikel können so eine beinahe 100-prozentige Kontrolle gewährleisten. Die Versandeinheit, welche mehrere bestellte Artikel enthält, kann mittels Lesegeräts und der Pulkfähigkeit von RFID sofort kontrollieren, welche Objekte in dem Paket enthalten sind. (Mucha et al. 2008)

3.3. Grundlagen und Definition der Kommissionierung

„Kommissionieren ist eine Funktion, die sich aus einer Summe von Einzeltätigkeiten zusammensetzt. Das Ziel des Kommissionierens ist die Auftragszusammenstellung. Dabei spielen sowohl der Kommissionierungsvorgang, die Kommissioniertechnik als auch das verwendete Kommissioniersystem und die verwendete Strategie eine bedeutende Rolle, sodass eine Vielzahl an Kombinationsmöglichkeiten entsteht. Aufgrund dieser Vielzahl ist die Organisation von Kommissioniersystemen komplex." (Kuck 2007, S. 11)

3.3.1. Kommissioniervorgang

Die Zusammenstellung einer kundengerechten Bedarfsmenge eines oder mehrerer Artikel wird Kommissionierung genannt. Der Vorgang beginnt mit der Annahme eines Auftrages und endet mit der Abgabe der kommissionierten Ware. (Guehus 1973, Hompel und Schmidt 2005)

Laut der VDI-Richtlinie 3590 Blatt 1 von 2006, setzt sich der Kommissionierungsvorgang aus folgenden Prozessen zusammen:

- Vorgabe der Transportinformation (für Güter und/oder Kommissionierer)
- Transport der Güter zum Bereitstellungsort
- Vorgabe der Entnahme der Information
- Entnahme der Artikel durch Kommissionierer
- Abgabe der Entnahme
- Quittierung des Entnahmevorgangs
- Transport der Artikel zur Abgabe

All diese Prozesse werden nicht zwangsläufig durchlaufen und die Reihenfolge kann von Kommissioniersystem zu Kommissioniersystem variieren. Die Kernfunktion des Kommissioniervorgangs jedoch ist das Greifen beziehungsweise Picken (Kommissionierung heißt auf Englisch „order picking").

3.3.2. Kommissioniersysteme

Kommissioniersysteme werden gängigerweise in drei Teilbereiche unterteilt:

- Materialflusssystem
- Organisationssystem
- Informationssystem

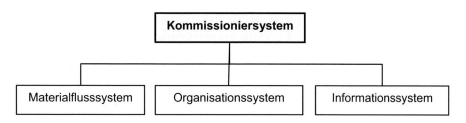

Abbildung 18 - Das Kommissioniersystem und seine Teilsysteme (VDI-Richtlinie 2005)

3.3.2.1. Materialflusssystem

Bei der Gestaltung des Materialflusses stellt sich die Frage, wie der Kommissionierer und die zu kommissionierenden Artikel bestmöglich zusammengeführt werden können. Dazu unterteilt man das Materialflusssystem in mehrere Subsysteme:

- Bereitstellsystem
- Transportsystem
- Entnahmesystem
- Abgabesystem
- Sammel- und Rücktransportsystem

Abbildung 19 zeigt, wie sich durch vertikale Kombination der einzelnen Elemente Strukturen und Lösungen für Kommissioniersysteme beschreiben lassen. Hierbei ist zu beachten, dass entweder der Kommissionierer oder die Bereitstelleinheit (Artikel) eine Bewegung durchführen muss. Bei einem Kommissionierer kann es sich entweder um einen Menschen oder auch um eine Maschine handeln, die diese Tätigkeit durchführt. (Hompel und Schmidt 2005)

Die Bereitstellung beinhaltet die Art und Weise, wie die Ware dem Kommissionierer bereitgestellt wird. Wenn die „Ware zum Mann" geführt wird, bedeutet dies eine dynamische Bereitstellung, bei „Mann zur Ware" ist sie statisch. Nach der Bereitstellung erfolgt die Entnahme. Bei der manuellen Entnahme werden ohne Hilfsmittel die kommissionierten Artikel entnommen. Wenn der Kommissionierer mittels eines Gerätes die Ware entnimmt handelt es sich um eine mechanische Entnahme. Eine weitere Möglichkeit der Entnahme ist die automatische, welche ohne eine Person durchgeführt wird. Wurde die kommissionierte Ware entnommen, muss sie zur Abgabe transportiert werden. Dies erfolgt entweder eindimensional, zum Beispiel als Weg eines Kommissionierers entlang eines Regals, oder mehrdimensional. Hier unterscheiden Hompel und Schmidt (2005) zwischen zweidimensional und dreidimensional. Unter einer zweidimensionalen Fortbewegung kann man sich die Kommissionierung mittels eines Regalbediengerätes oder eines Kommissionierstaplers vorstellen. Die dreidimensionale Fortbewegung ist in Abbildung 19 nicht eingezeichnet, wäre aber zum Beispiel eine Kommissionierung mittels Kran. Die Fortbewegung kann mit oder ohne Gangwechsel von-statten gehen. Nachdem die Entnahme erfolgt ist, werden die kommissionierten Artikel abgegeben. Dies geschieht entweder zentral an einer Sammelstelle oder dezentral an einem Förderband. (Hompel und Schmidt 2005, Kuck 2007)

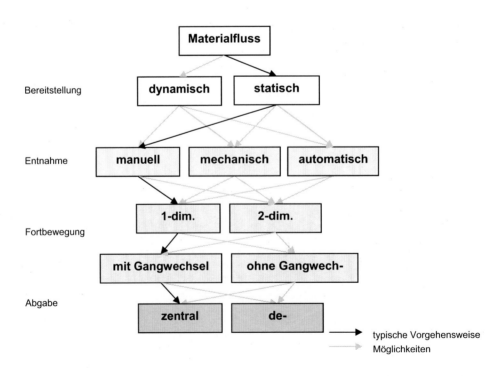

Abbildung 19 - Strukturbaum Materialfluss (VDI-Richtlinie 2005)

3.3.2.2. Organisationssystem

Einen wesentlichen Einfluss auf die Effizienz und damit auch auf die Systemwahl besitzt die Organisation des Kommissioniersystems, welche die Wahl der Struktur und der Steuerung der Abläufe abbildet. Das Organisationssystem unterteilt sich in drei Teilorganisationen (siehe Abbildung 20):

- Aufbauorganisation
- Ablauforganisation
- Betriebsorganisation

Die Aufbauorganisation entspricht der Infrastruktur eines Kommissioniersystems und wird von den Eigenschaften der zu kommissionierenden Artikel bestimmt. Als Eigenschaften können das Volumen, das Gewicht oder aber auch die Umschlagshäufigkeit verstanden werden. Des Weiteren gehören Sicherheitsanforderungen oder Temperaturanforderungen dazu. Die Aufbauorganisation bestimmt, ob der Kommissioniervorgang ein- oder mehrzonig abläuft. In der Praxis kommt die Aufteilung in mehrere Zonen am häufigsten vor, da sich die Artikel in ihren Eigenschaften und Umschlagshäufigkeiten oft unterscheiden. Die Ablauforganisation bestimmt, wie die einzelnen Zonen durchlaufen werden sollen. Bei einer einstufigen Abwicklung werden die Aufträge als Ganzes je nach Eingangsdatum kommissioniert. In der mehrstufigen Kommissionierung werden die Aufträge gesplittet, zu einer Serie zusammengefasst und gemeinsam kommissioniert, danach aber wieder nach ihren Ursprungsaufträgen zusammengestellt. Hierbei kann das Sammeln der Artikel gleichzeitig oder nacheinander erfolgen. Außerdem werden in der Ablauforganisation die Kommissionierzeiten optimiert.

- *„Basiszeit (z.B. Übernahme des Auftrages, Sortieren von Belegen, Aufnahme von Kommissionierbehältern, Abgabe von Ware und Kommissionierbehältern, Weitergabe bzw. abschließende Belegbearbeitung)*
- *Greifzeit (Hinlegen, Aufnehmen, Befördern und Ablegen der Entnahmeeinheit)*
- *Totzeit (z.B. Lesen, Aufreißen von Verpackungen, Suchen und Identifizieren, Kotrollieren und Reagieren)*
- *Wegzeit (Bewegung (Fahren oder Gehen) des Kommissionierers zwischen Annahmestelle – Entnahmeort – Abgabestelle)"*

(Hompel und Schmidt 2005, S. 41)

Die Betriebsorganisation legt fest, in welcher Abfolge die Kommissionieraufträge abgearbeitet werden. Hierbei können Regeln, Strategien und flexible Verhaltensmuster vorgegeben werden, um so den im Tagesbetrieb variierenden Systemanforderungen gerecht zu werden. (Hompel und Schmidt 2005, Kuck 2007)

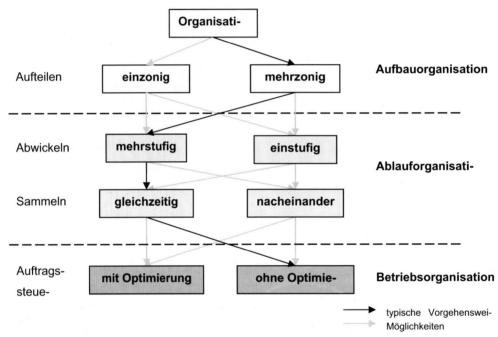

Abbildung 20 - Strukturbaum Organisationssystem (VDI-Richtlinie 2005)

3.3.2.3. Informationsflusssystem

Das Informationsflusssystem unterteilt sich in mehrere Bereiche, welche für die Erfassung, Aufbereitung und Verarbeitung von Informationen für die Kommissionierung notwendig sind. Zu den grundsätzlichen Elementen gehören der Auftrag, eine Kommissionierliste und eine Position (notwendige Informationen für den zu kommissionierenden Artikel, wie zum Beispiel: Artikelbezeichnung, Entnahmeort oder Entnahmemenge). „Bei der Vorbereitung einer Kommissionierung spielen:

- *Auftragserfassung,*
- *Auftragsaufbereitung und die*
- *Weitergabe*

eine bedeutende Rolle. Die Durchführung des Kommissioniervorgangs wird vom verwendeten Informationssystem durch die Quittierung beeinflusst" (Kuck 2007, S. 4). Jedoch kann die Quittierung verschieden erfolgen, zum Beispiel nach Entnahmeeinheit, nach Position oder für alle Positionen gleichzeitig. Falls die Kommissionierung mit Pickliste durchgeführt wird, erfolgt das meistens manuell. Bei der beleglosen Kommissionierung erfolgt die Quittierung automatisch.

Die Grundinformationen eines Auftrags sind Bestellmenge und Daten zur Identifizierung des Artikels. Das für die Kommissionierung verwendete Informationssystem gibt dann vor, ob die Kommissionierung manuell, automatisch oder durch eine Kombination von beiden durchgeführt wird. Manuell bedeutet, dass der Auftrag zum Beispiel telefonisch entgegengenommen und in ein Formular eingetragen wird. *„Die Kommissionierliste wird durch die informationstechnische Verknüpfung der Auftragsdaten mit den Daten des Kommissioniersystems erstellt. Dies kann manuell, manuell/automatisch, automatisch oder gar nicht passieren*" (Kuck 2007, S. 5). Im Fall, dass keine Verknüpfung stattfindet, findet die Informationsverarbeitung beim Kommissionierer statt, welcher dann den Auftrag mit dem Sammelbehälter „verheiratet". Eine „Verheiratung" in der Kommissionierung bedeutet, dass die Identifikationsnummern eines Sammelbehälters und eines Auftrages gescannt/gelesen und in der Datenbank miteinander verknüpft werden. In allen Fällen der Verknüpfung können die Aufträge auf mehrere Kommissionierlisten aufgeteilt oder in eine Auftragsgruppe eingetragen werden, in der mehrere Aufträge auf einer Kommissionierliste erscheinen.

„Die Weitergabe kann ohne oder mit Beleg durchgeführt werden. Außerdem muss eine Entscheidung zwischen der Weitergabe von Einzelpositionen oder mehreren Positionen getroffen werden" (Kuck 2007, S. 5). Abbildung 21 veranschaulicht noch einmal den ganzen Informationsflussprozess.

(VDI-Richtlinie 2005, Kuck 2007)

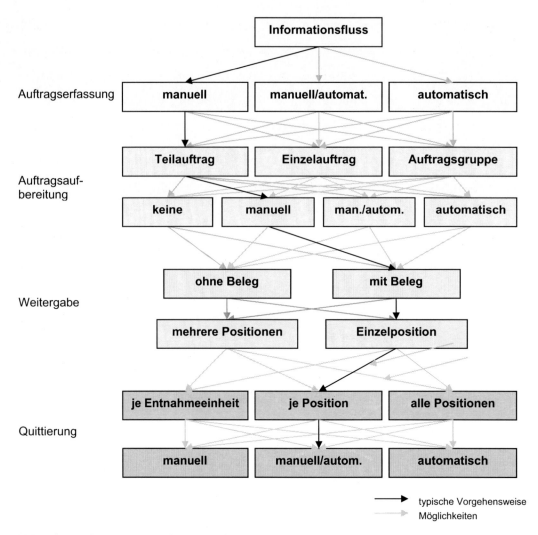

Abbildung 21 - Strukturbaum Informationsfluss (VDI-Richtlinie 2005)

3.3.3. Neue Kommissioniersysteme

Neue Kommissioniersysteme folgen dem Trend, *„indem sie Basiszeiten, Greifzeiten, Totzeiten und Wegzeiten durch den Einsatz von neuen technischen Errungenschaften"* minimieren (Steiner 2004, S. 32). Ein weiteres Ziel ist es Kommissionierfehler zu vermindern. Nachfolgende Tabelle veranschaulicht überblicksartig zwei neue Kommissioniersysteme.

Tabelle 5 - Neue Kommissioniersysteme (Steiner 2004)

Kommissioniersystem	Art	Einsatzmöglichkeit
Pick-to-voice	Mittels Sprache gesteuerte Kommissionierung. Personengebundenes, papierloses, manuelles Kommissioniersystem nach dem Prinzip „Mann-zur-Ware"	• Wareneingang • Retourenabwicklung • Kommissionierung • Qualitätskontrolle • Inventur • Nachschub • Palettenregallager • Riefkühlkommissionierung
Pick-to-light	Kommissionierer wird mit Hilfe eines digitalen Displays geleitet. Orientierung direkt am Entnahmeort. Artikelgebundenes, papierloses, manuelles Kommissioniersystem nach dem Prinzip „Mann-zur-Ware"	• Behälterdurchlauflager • Kleinteillager • Bedingt in Palettenlagern

Der Unterschied zu den klassischen manuellen Kommissioniersystemen, wie zum Beispiel mittels Pickzettel, ist, dass weder eine Rechnung noch ein Lieferschein bei der Kommissioniertätigkeit vorhanden sein muss. Bei den Pick-to-light-Systemen verringert sich die Suchzeit aufgrund des Aufleuchtens einer Signallampe. Der Kommissionierer entnimmt die auf dem Display angezeigte Menge und bestätigt diese mit einer Quittierungstaste. Bei Pick-to-voice findet die Kommissionierung mittels Sprache statt. Hierbei wird der Kommissionierer zuerst zum Regal gelotst, der dem System dann eine Prüfziffer nennt. Stimmt diese Prüfziffer überein, wird die Menge übermittelt und mittels Losungswort quittiert. Der Vorteil zur klassischen Kommissionierung mittels Pickliste ist, dass der Kommissionierer Hände und Blick frei hat, da er nicht mehr manuell scannen oder in einer Liste suchen muss und so die Kommissionierleistung erhöhen kann. (Baumann et al. 2004)

4. Referenzmodellierung

In diesem Kapitel wird der Prozess der Kommissionierung mittel ARIS modelliert. Im Anhang A wird zusammenfassend auf die Methoden und Modelle eingegangen. Der Kommissionierungsprozess wird mittels Organigramm, ereignisgesteuerter Prozesskette, Entity Relationship Modell und Funktionsbaum dargestellt.

4.1. Modellierung der Kommissionierung

Das Design des Modells der Kommissionierung habe ich in Anlehnung an Günther et. al (2008), die ein Referenzmodell für die Produktion entwickelten und sich nur auf die Aktivitäten konzentrierten, erstellt. Die Genannten versuchten besonders jene Aktivitäten zu modellieren, welche von der RFID-Einführung profitieren würden. Diese Sicht wurde auf den für die Arbeit relevanten Prozess umgelegt. In Abbildung 22 wird der Prozess der Kommissionierung mittels dieser vereinfachten ereignisgesteuerten Prozesskette dargestellt. Um den Einfluss von der RFID-Technologie in der Kommissionierung besser darzustellen, wird dieser Prozess in den folgenden Abbildungen in einem höheren Detaillierungsgrad modelliert.

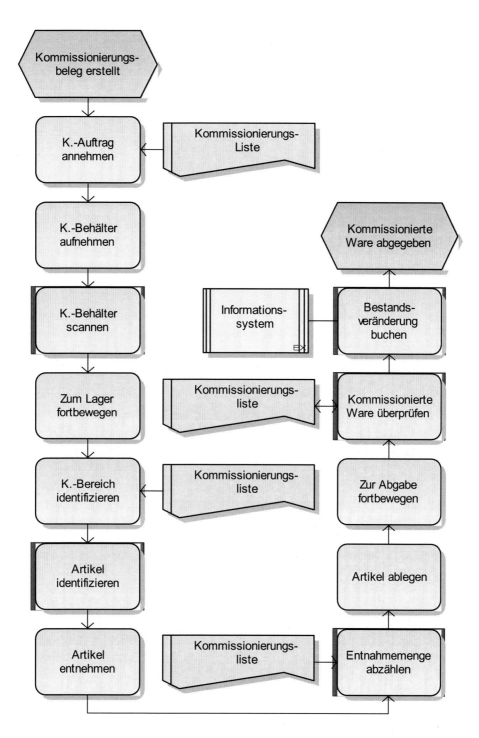

Abbildung 22 - Referenzmodell Kommissionierung

Die rot-unterlegten Funktionen kennzeichnen Prozesse, welche mit Hilfe der RFID-Technologie unterstützt oder beschleunigt werden können. Der Kommissionierungsvorgang, mittels Barcode, unterscheidet sich von den Abläufen her, nicht sehr von der mittels RFID. Die Grundsätzlichen Aktivitäten sind:

- Einen Auftrag annehmen
- Einen Kommissionierungsbehälter nehmen und sich zum Lager bewegen
- Artikel identifizieren, entnehmen, sammeln und prüfen
- Abgeben und verbuchen beziehungsweise quittieren

Alle Prozesse die eine manuelle Scannung eines Barcodes erfordern, können mittels RFID-Tags automatisiert werden. Dies beginnt schon mit dem Kommissionierungsbehälter, welcher automatisch mit einem Auftrag in Verbindung gebracht werden kann. Des Weiteren kann sofort angezeigt werden, in welchen Kommissionierungsbereich sich der Kommissionierer bewegen soll.

Bei der Identifizierung des zu kommissionierenden Artikels muss dieser nicht ausgerichtet und gescannt werden, sondern wird sofort bei der Entnahme registriert. Durch die Pulkfähigkeit der RFID-Technologie, müssen die Artikel nicht abgezählt werden, sondern es wird sofort eine Mehrzahl an Artikel gleichzeitig erfasst.

Ein weiteres Einsatzgebiet wäre die Prüfung der Ware. Des Öfteren wird die kommissionierte Ware abgewogen und mit dem kumulierten Gewicht aller Artikel, für den Auftrag, verglichen. Weicht das errechnete Gewicht, inklusive einer Toleranz, nicht von dem tatsächlichen Gewicht ab, wird die Ware ausgebucht und zur Warenausgabe weitergeleitet. Exemplarisch kann das Unternehmen Tobaccoland genannt werden, in dem der Prüfvorgang, wie beschrieben, abläuft.

Es gibt nun zwei Möglichkeiten bei diesem Prozess RFID einzusetzen. Die eine wäre, RFID als zusätzliche Kontrolleinheit zu installieren. Hierbei könnte das Gewicht mit den Gewichtsangaben auf den RFID-Tags verglichen werden. Die andere Möglichkeit wäre, ganz auf die Gewichtskontrolle zu verzichten und nur die Tags der kommissionierten Ware erfassen. Bei beiden Alternativen würde die Pulkfähigkeit eine entscheidende Rolle spielen.

Nach der Kontrolle kann die Ware gleich, aus dem verwendeten Informationssystem, ausgebucht und quittiert werden. Das Referenzmodell von Pfingsten und Rammig (2006), diente als Grundlage für die ereignisgesteuerten Prozessketten in den folgenden Abbildungen. Jedoch wurden nicht relevante Teile des Referenzmodells gekürzt oder überarbeitet, da sie den Vorgang der Kommissionierung nicht betreffen. Gekürzte Teile sind zum Beispiel Prozesse, die zur Bestimmung der Lagertechnik oder Lagerorganisation gehören. Ganz eliminiert wurde der Ablauf der Retouren und Fakturierung sowie die Erstellung des Lieferscheins. Prozesse wie die mehrstufige Kommissionierung wurden anders als im Referenzmodell von Pfingsten und Rammig (2006) gelöst. Abbildung 23 undAbbildung 24 zeigen den, für diese Arbeit modellierten Prozess der Kommissionierung mittels Barcode in einem höheren Detaillierungsgrad. Hierbei sind die Kommissionierungsprozesse, die mit Hilfe der RFID-Technologie verbessert werden können, rot untermalt.

- Der erste rot untermalte Bereich in Abbildung 23 mit der Funktion – „Nehme K.-Behälter auf" – und dem Ereignis – „K.-Behälter vom Lesegerät erfasst" – wird in Abbildung 27, in einem höheren Detaillierungsgrad, näher erläutert.
- Der zweite rote Bereich (Funktionen: „Identifiziere Artikel" und „Zähle Artikel ab", Ereignis: „Artikel vom Lesegerät erfasst") wird in Abbildung 28 näher erklärt.
- Die Funktionen („Melde Auftrag und Differenzen zurück" und „Buche Bestandsveränderung") und Ereignisse („K.-Liste gescannt" und „Bestandsveränderung gebucht") in Abbildung 24 werden in Abbildung 29 genauer erklärt.
- Und der letzte rote Bereich im EPK des Barcodes wird in Abbildung 30 detaillierter modelliert.

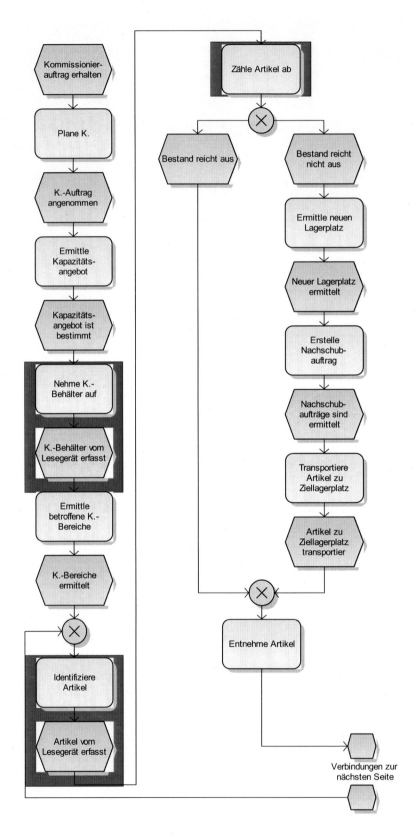

Abbildung 23 - EPK der Kommissionierung für Barcode Teil 1

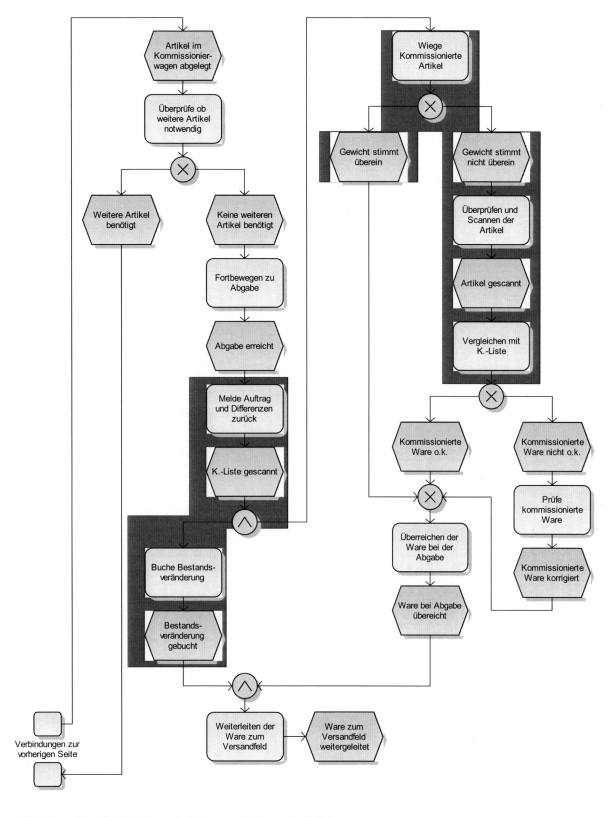

Abbildung 24 - EPK der Kommissionierung für Barcode Teil 2

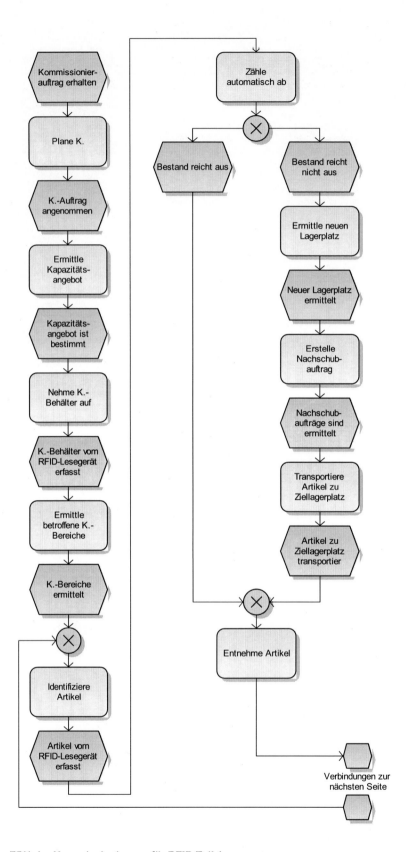

Abbildung 25 - EPK der Kommissionierung für RFID Teil 1

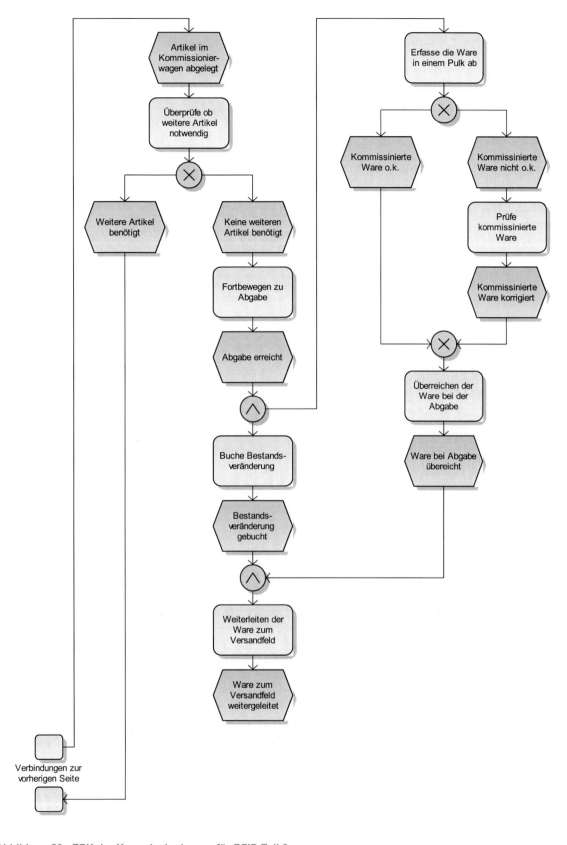

Abbildung 26 - EPK der Kommissionierung für RFID Teil 2

Die Abbildungen Abbildung 25 und Abbildung 26 veranschaulichen die Kommissionierung mittels RFID. Hierbei ist zu merken, dass die Kommissionierungsaktivitäten am Anfang sich nicht sehr unterscheiden, von denen bei der Barcode-Technologie. Es werden lediglich Prozesse beschleunigt, zum Beispiel bei der Aufnahme des Kommissionierungsbehälters, muss dieser nicht mehr gescannt werden, sondern wird sofort mittels RFID erfasst. Im zweiten Teil des Kommissionierungsprozesses vereinfacht die RFID-Technologie die Überprüfung der kommissionierten Ware.

Die folgenden Abbildungen zeigen ereignisgesteuerte Prozessketten, die aus Teilen von Abbildung 23 undAbbildung 24 entnommen wurden. Sie zeigen die Bereiche in einem höheren Detaillierungsgrad. Es wird jeweils auf der linken Seite der Prozess mittels Barcode-Technologie modelliert und auf der rechten Seite der gleiche Prozess, jedoch mittels Einsatz von RFID. Diese Modelle sollen veranschaulichen, wie sehr sich die Prozesse durch RFID verkürzen können.

Abbildung 27 modelliert den Prozess der Behälteraufnahme. Es ist ersichtlich, dass beim Barcode das Aufnehmen des Lesegerätes und das Ausrichten des Behälters einen Mehraufwand verursachen. Des Weiteren muss der Behälter manuell gescannt werden, damit dieser mit dem Auftrag verheiratet wird. Hingegen zeigt die Abbildung auf der rechten Seite wiederum, dass der Prozess mittels RFID deutlich verkürzt werden kann. Es entfallen die manuellen Tätigkeiten wie Ausrichten und Scannen, da der Behälter beim Aufnehmen automatisch vom System registriert und mit dem Auftrag verheiratet wird.

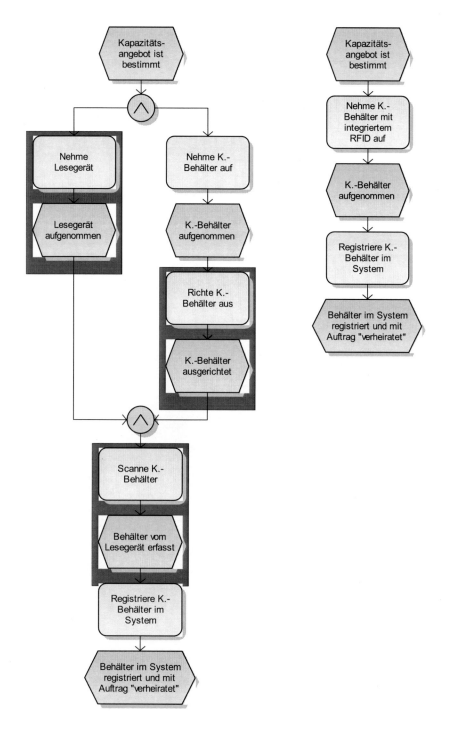

Abbildung 27 - EPK der Behälteraufnahme in der Kommissionierung (links Barcode, rechts RFID)

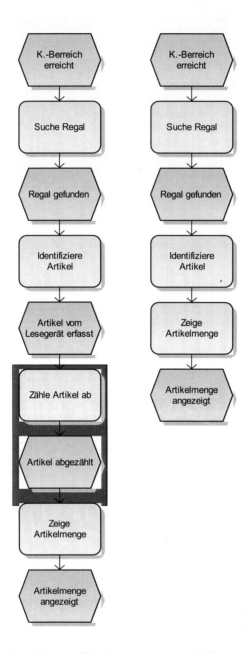

Abbildung 28 - EPK der Artikelidentifikation (links Barcode, rechts RFID)

Abbildung 28 zeigt den Prozess der Artikelidentifikation. Auch hier kann die manuelle Tätigkeit des Abzählens durch RFID ersetzt werden. Mittels eines RFID-Lesegerätes kann die vorliegende Menge im Pulk erfasst und automatisch angezeigt werden.

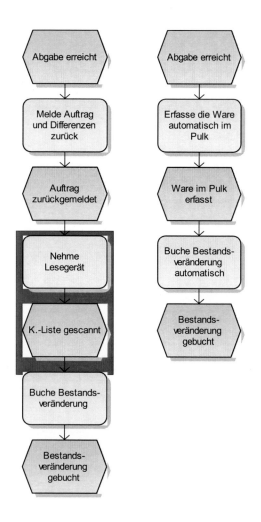

Abbildung 29 - Verbuchen der kommissionierten Ware im System (links Barcode, rechts RFID)

In Abbildung 29 wird der Prozess des Verbuchens modelliert. So wie beim Scannen des Behälters entfällt auch hier die Scantätigkeit, da die kommissionierten Artikel als Pulk erfasst und gleich im Informationssystem verbucht werden.

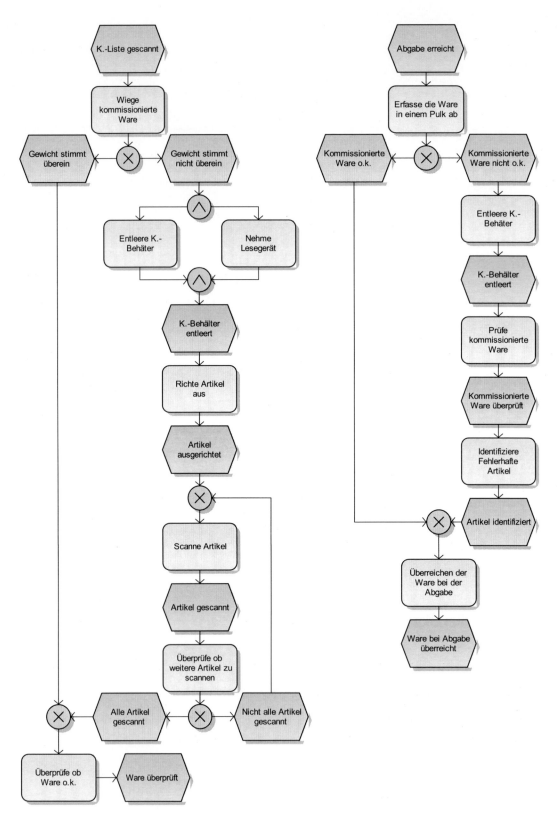

Abbildung 30 - Kontrolle der kommissionierten Ware (links Barcode, rechts RFID)

Die RFID-Technologie beschleunigt auch den Prozess der Kontrolle (Abbildung 30). Wie in den letzten EPKs ist es ersichtlich, dass auch hier durch das Entfallen des manuellen Scannens und der Pulkfähigkeit von RFID der Prozess verkürzt werden kann. Anstatt dass die kommissionierte Ware gewogen wird, können mittels RFID-Lesegerätes alle Artikel im Behälter erfasst und angezeigt werden.

Abbildung 31 zeigt einen Funktionsbaum, der Kommissionierung. So wie bei der ereignisgesteuerten Prozesskette, werden die Funktionen rot untermalt, welche von RFID profitieren können. Die Funktion „K. durchführen" wird durch die vorangegangenen EPKs verdeutlicht (Abbildung 25 und Abbildung 26). Besonders von der RFID-Technologie profitiert die Funktion „Kontrollieren" sowie deren Unterfunktionen. Wie schon in Abbildung 30 verdeutlicht, kann durch die Pulkfähigkeit und die Möglichkeit, Daten ohne Sichtkontakt zu erfassen, die Totzeit auf ein Minimum reduziert werden. Nicht nur im Abgabebereich kann diese Kontrolle durchgeführt werden, sondern schon auf dem Weg dorthin. So kann mit Hilfe eines Warnsignals und eines Displays schon vorher auf einen Fehler aufmerksam gemacht werden, was eine Einsparung von Wegzeit bedeutet. Die Funktion „Bereiche ermitteln" wäre so zu realisieren, dass im Lager RFID-Transponder verteilt sind und diese beim Vorbeigehen oder –fahren von einem Lesegerät erfasst werden. So ist ein Stoppen und Scannen des Barcodes nicht mehr nötig.

Auch in dem Organigramm, in Abbildung 32, ist zu erkennen, dass alle Bereiche in der Kommissionierung von einer RFID-Einführung profitieren würden. Diese Abbildung fasst die vorherigen Erkenntnisse zusammen und verdeutlicht, dass die Einführung eines RFID-Systems sich auf alle Bereiche auswirken würde. Die Lagerverwaltung erhält den Lagerstand in Echtzeit und kann so schneller auf Lagerengpässe reagieren. Auch eine Verbindung zu Handelspartnern wäre vorstellbar, die die Daten über EDI erhalten. Des Weiteren kann die Lagerbetreuung den Kommissionierbereich besser und schneller einteilen. So können Artikel, die eine höhere Umschlagshäufigkeit haben, in den Bereichen gelagert werden, die eine niedrigere Wegzeit beanspruchen. Der Einfluss von RFID in den anderen drei Bereichen (K.-Bereich, Kontrollbereich und Abgabebereich) wurde schon auf den vorherigen Seiten näher erläutert.

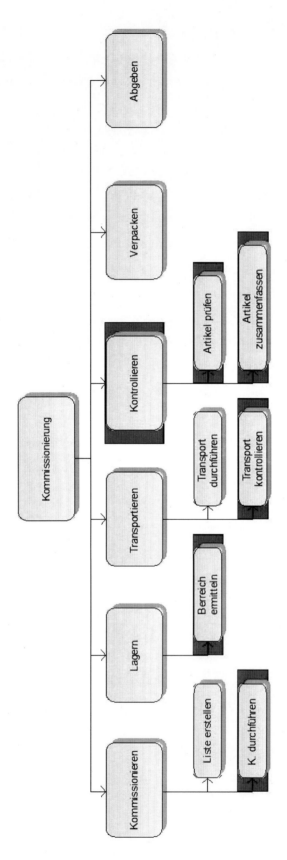

Abbildung 31 - Funktionsbaum der Kommissionierung

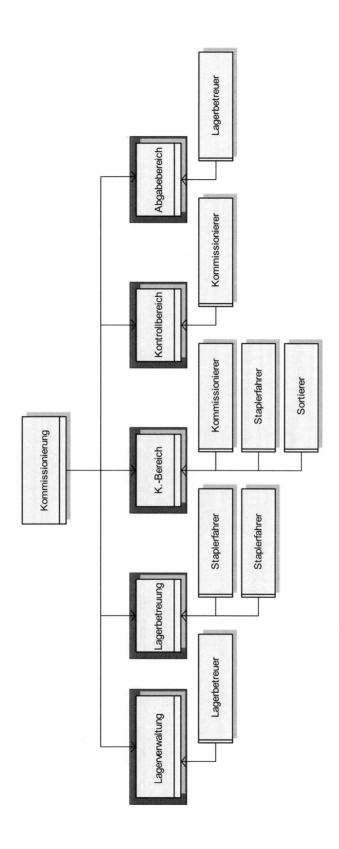

Abbildung 32 - Organigramm der Kommissionierung

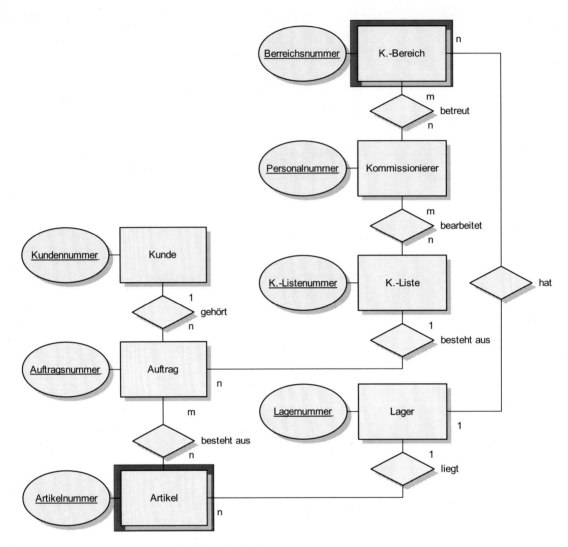

Abbildung 33 - Allgemeines ERM der Kommissionierung

Das Entitiy-Relationship (Abbildung 33) Modell verdeutlicht, dass besonders die Artikeldaten, gegenüber dem Strichcode-Systems, profitieren. Es können mehr Daten auf einem Tag gespeichert werden. Zusätzliche Angaben könnten Gewicht, Volumen und andere Eigenschaften des Produkts sein. Auch RFID-versehende Kommissionierbereiche können Prozesse optimieren. Staplerfahrzeuge können mittels Lesegeräte überprüfen, in welchem Bereich sie sind und diese Daten in Echtzeit an das Informationssystem schicken.

Grundsätzlich gibt es zwei verschiedene Arten des Datenmanagement bei RFID-Systemen. Die erste Möglichkeit wäre ein dezentrales Datenmanagement, bei dem alle Informationen (wie Seriennummer des Tags, Mindesthaltbarkeitsdatum, Chargennummer, zusätzliche EAN-Nummer, etc.) auf dem RFID-Chip hinterlegt werden. Der Vorteil eines dezentralen Systems ist, dass alle Daten auf dem Tag gespeichert und keine weiteren Informationen aus Datenbanken benötigt wird. Die zweite Möglichkeit ist ein zentrales Datenmanagement. Hier wird nur eine eindeutige Nummer auf dem Chip gespeichert (z.B. EPC) und alle weiteren Daten können in Internet-Datenbanken abgerufen oder per EDI an den Handelspartner geschickt werden, was eine Vermeidung von Redundanzen bedeutet. Das zentrale Datenmanagement des RFID-Systems käme dem des Barcode-Systems (EAN-Nummer) gleich. (Hudetz 2005)

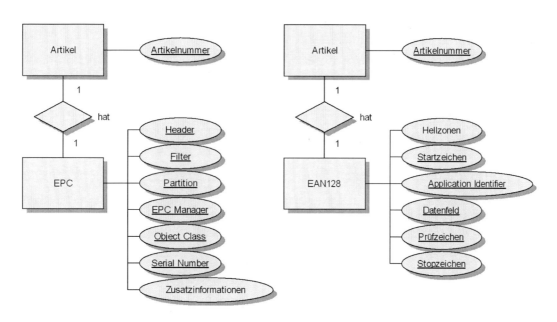

Abbildung 34 - ERM des Artikels (links RFID, rechts Barcode)

Betrachtet man das Datenmodell des Artikels näher (Abbildung 34), so ist ersichtlich, dass neben den Identifikationsnummern der beiden Technologien, beim RFID zusätzliche Information abgespeichert werden kann. Natürlich können bei der EAN128 Kodierung, wie beim EPC, Daten wie Chargennummer des Artikels, Gewicht oder Mindesthaltbarkeitsdatum abgespeichert werden. Jedoch ist die Speicherkapazität auf wenige Details beschränkt (maximal 128 Bits). Modernere passive RFID-Transponder haben eine Speicherkapazität von bis zu einigen Kilobit. (ZDNet.de 2008)

4.2. Unterschied EAN128 und RFID

Im Vergleich zur manuellen Erfassung mittels Tastatur ergeben sich beim Barcode-System schon erhebliche Zeiteinsparungspotentiale, besonders beim Warenein- und ausgang und bei der Kommissionierung. Schon allein durch die Reduzierung von Medienbrüchen kann die Fehlerrate drastisch gesenkt werden. Dies soll anhand eines Beispiels veranschaulicht werden:

- Die Erfassungssicherheit per Tastatur liegt bei einem Fehler pro 300 Anschläge mit einer Erfassungszeit von 100 Wörtern in der Minute.
- Die Erfassungssicherheit beim Barcode liegt bei einem Fehler pro 3 Millionen Scans mit einer Erfassungszeit von 1700 Wörtern in der Minute.

(OPAL 2009)

Aufgrund der erhöhten Erfassungsgenauigkeit und der verbesserten Bestandsverfügbarkeit können Inventurkosten eingespart werden.

Das Zeiteinsparungspotential beim RFID-System liegt bei ungefähr 17 Prozent im Vergleich zum Barcode-System, da die Prozesse optimiert werden können (IBM 2009). Des Weiteren kann die Fehlerrate gesenkt werden, da das manuelle Scannen wegfällt. Kostbare Zeit kann durch die Pulkerfassung eingespart werden, was einer der größten Vorteile gegenüber der Barcode-Technologie ist. Es wird dabei nicht nur die Erfassungsgenauigkeit im Lager verbessert, sondern auch eine durchgehende Inventur durchgeführt. Laut IBM (2009) reduziert sich auch der Warenschwund um circa 18 Prozent, wodurch Materialengpässe um 14 Prozent gesenkt werden können. Einen weiteren Vorteil gegenüber dem Barcode-System bieten die Mehrfachverwendung und die höhere Speicherkapazität der RFID-Transponder, was auch zur Kostensenkung beiträgt.

(Scholz-Reiter et. al 2007, IBM)

4.3. Einsatz der RFID-Kommissionierung bei PAPSTAR

PAPSTAR ist ein mittelständischer Hersteller von Papp- und Papierprodukten, von Einmalgeschirr und Partydekorationen bis hin zu Hygieneprodukten. Bereits bei der Barcode-Technologie nutzte PAPSTAR den so genannten NVE-Standard (Nummer der Versandeinheit), um Packstücke auf dem Weg vom Lieferanten bis zum Empfänger eindeutig zu identifizieren. Wegen des Hauptabnehmers Metro, der die Einführung von RFID für Ende 2003 ankündigte, entschloss sich auch PAPSTAR diese Technologie einzusetzen und galt damit als einer der Pioniere im europäischen Handel. Das Unternehmen erkannte, frühzeitig, dass *„die durchgängige Nutzung der RFID-Technologie umfangreiche Rationalisierungs- und Integrationspotentiale für die unterschiedlichen Partner entlang der gesamten Lieferkette beinhaltet"* (PAPSTAR 2009). Die neue Technologie wurde zunächst, vor allem bei der Kommissionierung und im Wareneingang eingesetzt.

PAPSTAR betreibt eine beleglose, funkgesteuerte Kommissionierung im Zwei-Schichtbetrieb und differenziert die Lager- und Kommissionierungszonen nach Artikel- und Auftragsstruktur:

- Schnelldreher
- Kleinteile
- Verkaufs-Displays[2]

Pro Schicht kommissionieren 25 Mitarbeiter beleglos und zu 95 Prozent funkgesteuert. Durchschnittlich werden in der Kommissionierung 950.000 Picks und 3.500 Displays pro Monat durchgeführt. In Spitzenmonaten kann das auf bis zu 1,4 Millionen Picks und 14.500 Displays anwachsen. Kommissionierte Paletten können kundenabhängig und voll automatisiert mit einem RFID-Etikett versehen werden. Im Warenausgang steht neben jedem Barcode-Drucker ein RFID-Etikettierer, der automatisch RFID-Tags programmiert, ausdruckt und an den Paletten anbringt. Des Weiteren wurde direkt nach der Etikettierung eine Leseeinheit installiert um die 100-prozentige Lesbarkeit der angebrachten Etiketten zu prüfen.

Mit der Einführung der RFID-Technologie konnte das Ziel, Prozesse entlang der Lieferkette effizienter zu gestalten, erreicht werden. So können zum Beispiel Kunden

---

[2] Verkaufs-Displays sind Zweitplazierungslösungen am Point of Sale. Meistens Aufsteller aus Karton mit Eigener Ware.

von PAPSTAR beim Wareneingang, die Paletten mit Lesegeräten einfach und schnell erfassen. Auch die Pulkfähigkeit der RFID-Technologie beschleunigt den Wareneingangsprozess.

In der Einführungsphase ermittelten Logistiker, wie Paletten RFID-gerecht verpackt werden sollen, und kamen zu der Lösung, dass die *„Transponder außen auf die Folie anzubringen und längsseits der Paletten zu positionieren sind"* (Informationsforum RFID 2006, S. 16).

(Informationsforum RFID 2006, PAPSTAR 2006)

4.4. Effizienzpotentiale und Handlungsempfehlung

PAPSTAR ist ein gutes Beispiel für die erfolgreiche Einführung von RFID im Unternehmen. In diesem Betrieb verbesserten sich die Prozesse zwischen Lieferanten und Kunden. Außerdem brachte diese Innovation eine Zeit- und Kostenersparnis für den Kunden beim Eingang der Waren.

In einem Interview von „RFID im Blick" vom April 2008 ging Christoph Dönges, Leiter des Dematic Competence Center Logistics IT, auf noch mögliche Potentiale von RFID ein. Er verdeutlicht, *„dass mithilfe der RFID-Technologie letztlich alle Ereignisse bei dem Passieren von Kontrollpunkten automatisch aufgezeichnet werden können"* (RFID im Blick 2008). Dadurch werden Abläufe transparenter und es lassen sich Bestände genauer überprüfen. Auch die Umlaufzeiten werden transparenter, da jederzeit die Information abrufbar ist, wo sich ein Ladungsträger befindet. Somit lässt sich die Verfügbarkeit verbessern und gegebenenfalls auch der Lagerbestand reduzieren.

In der ganzen Logistikkette geht es darum, Such- und Transportzeiten zu verringern und Flächen in Lagern besser zu verwalten. Das Scannen von Paletten und Lagerplätzen, wie aus der Barcode-Technologie bekannt, wird mit diesem System automatisiert. Zusätzlich müssen Paletten oder andere Ladeeinheiten nicht ausgerichtet werden, um sie zu scannen, beziehungsweise können aufgrund der Pulkfähigkeit von RFID mehrere Ladeeinheiten gleichzeitig erfasst werden.

Laut Dönges ist das Potential von RFID bei weitem noch nicht ausgeschöpft. Besonders bei der Implementierung in intralogistischen Prozessen ist es möglich, diese zu automatisieren. Es können jedoch nicht alle Prozesse automatisiert werden und so ist es möglich, dass manuelle Prozesse zwar grundsätzlich überlegen sind, aber mit Hilfe der RFID-Technologie optimiert werden können.

In der Kommissionierung kann die RFID-Technologie in Kombination mit anderen Kommissionierungstechniken (zum Beispiel: Pick-by-Voice oder andere genannten neuen Kommissioniersystemen, siehe Kapitel 3.3.3) die Fehlleistungen auf nahezu null Prozent senken, was wiederum Kosten in der Nachbearbeitung spart.

(RFID im Blick 2008)

Eine Handlungsempfehlung hat den Anspruch allgemeingültig und dem Unternehmen bei einer Entscheidung, ein bestimmtes System einzuführen, behilflich zu sein. Jedoch ist es bei nicht standardisierten Prozessen, besonders bei Klein- und Mittelbetrieben, ein schwieriges Unterfangen. Hierbei können drei wirtschaftliche Werkzeuge die Entscheidungsfindung erleichtern:

- Die SWOT-Analyse stellt die Stärken und Schwächen des Unternehmens den Chancen und Risiken in einer Matrixdarstellung gegenüber (Tabelle 6).

Tabelle 6 - Beispielhafte SWOT-Analyse (Scholz-Reiter et al. 2007)

Externe Faktoren *Interne Faktoren*	*Chancen*	*Risiken*
Stärken	Geplante Einführung könnte die Prozesskosten senken, so dass im Hinblick auf die Mitbewerber günstigere Preise angeboten werden können.	Geplante Einführung ist viel versprechend, jedoch sind keinerlei Best-Practice-Erfahrungen bekannt.
Schwächen	Eigenes Know-How zur Einführung eines Systems ist nicht vorhanden, es bestehen jedoch umfassende Kontakte zu einer Universität.	Technisches Know-How zum Verständnis von RFID fehlt und derzeit bekannte Systeme sind noch nicht umfassend standardisiert.

- Die Stakeholder-Analyse erfasst alle Interessensvertreter inner- und außerhalb des Unternehmens und zeigt an welchen Einfluss sie auf die Einführung des Systems haben.

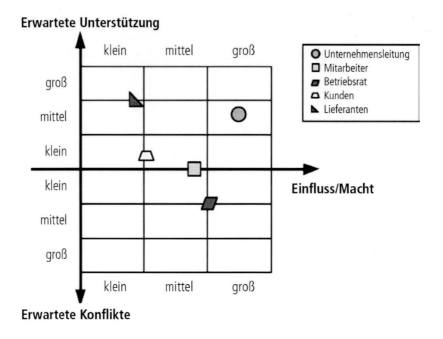

Abbildung 35 - Exemplarische Stakeholderanalyse (Scholz-Reiter et al. 2007)

- Abschließend kann mit der Kosten-Nutzen-Analyse bewertet werden, ob sich die Kosten der Systemeinführung bezüglich des Nutzens mit der Zeit amortisieren. Hierfür müssen alle Prozesskosten ermittelt werden, welche sich aus Stückkosten der Transponder und Lesegeräte, Änderungen unternehmensinterner Prozesse sowie der notwendigen Hard- und Software ergeben. Des Weiteren darf nicht vergessen werden, dass Mitarbeiter entsprechend ausgebildet werden müssen. Auf der Nutzenseite können jedoch nicht nur Kostensenkungspotentiale, sondern auch nicht quantifizierbarer Nutzen (Kundennutzen, Kundenzufriedenheit, Mitarbeitermotivation, etc.) ins Treffen geführt werden.

Tabelle 7 - Kosten-Nutzen-Bewertung RFID (Scholz-Reiter et al. 2007)

	Altes System (z.B. Barcode)	Neues System (z.B. RFID)
Laufende Kosten pro Jahr: • Abschreibungen Hard-/Software • Anteilige System-/Server-Nutzung • Anteilige Systembetreuung	• Personalkosten für Systemanwendung • Verbrauchsmaterial (Label) • Wartung • Softwareupdates	• Personalkosten für Systemanwendung • Verbrauchsmaterial (Transponder) • Wartung • Laufende Schulung • Softwareupdates
Summe	A1	A2
Einmalige Kosten: • Entwicklung • Umstellung		• Software • Hardware (Reader) • Anpassungskosten • Qualifizierung
Summe		B2

Einsparung nach x Jahren:

$$x * (A1 - A2) - B2$$

Amortisationsrechnung:

$$\frac{B2}{(A1 - A2)}$$

Im Gerätewerk Amberg der Siemens AG werden RFID-Systeme eingesetzt. Durch die Erstellung eines Business Case für den Einsatz von RFID wurde eine Wirtschaftlichkeitsanalyse erstellt. Hierbei ergab sich, dass der Einsatz von RFID gegenüber dem Barcode die Qualität und Geschwindigkeit der Prozesse erhöhen würde. Die Gesamtkosten beliefen sich für die Barcode-Lösung auf 120.000 EUR, für die RFID-Lösung jedoch auf 155.000 EUR. Nach einer einfachen (statischen) Amortisationsrechnung für den Zeitraum von fünf Jahren als Rechenbasis ergab sich aber, dass sich die Investition in die RFID-Technologie bereits nach dem zweiten Jahr amortisiert. (Bartneck et al. 2008)

Auch wenn die Einführung eines RFID-Systems viele Vorteile bringt, kann kein allgemeingültiges Fazit über die Wirtschaftlichkeit ausgedrückt werden, da die Kosten einer Einführung doch erheblich höher sein können als die des Barcode-Systems. Es lässt sich jedoch zweifelsfrei feststellen, dass das Leistungsniveau der neuen RFID-Technologie gegenüber dem des Barcodes-Systems erheblich höher ist. (Scholz-Reiter et. al 2007)

5. Zusammenfassung

Die RFID-Technologie gilt schon heute als eine sehr bedeutende Technik in der Logistik und wird als eine der Schlüsseltechnologien für eine verbesserte Vernetzung der Supply Chain gehandelt.

Die vorliegende Bakkalaureatsarbeit zeigt mithilfe von Modellen mögliche Effizienzpotentiale der RFID-Technologie in der Kommissionierung gegenüber der des Barcodes. In vielen Unternehmen erfolgt die Kommissionierung manuell durch eine ein- oder, mittels Staplers, durch eine zweidimensionale Fortbewegung des Kommissionierers. Zum einen verringert sich der Aufwand für die Kommissionierung, mittels RFID-gestützten Arbeitsschritten, was zur einer Kosten- und Zeitersparnis führt, da die Prozesse, wie Lokalisierung von Lagerplätzen und Identifizierung eines oder mehrerer Artikel, gleichzeitig ausgeführt werden können. Zum anderen kann die RFID-unterstützte Kommissionierung Prozesse automatisieren. So kann die Ware schon beim Wareneingang und bei der Einlagerung vollautomatisch, mittels eines Lesegerätes, in das verwendete Informationssystem eingetragen werden. Des Weiteren ermöglicht RFID im Vergleich zum Barcode-System eine Reduzierung der Fehlerquote, da Abweichungen oder Verluste frühzeitig erkannt werden können. Laut Bundesministerium für Wirtschaft und Technologie in Deutschland gibt es in der RFID-Technologie noch Verbesserungsmöglichkeiten, die zu einer schnelleren Einführung führen würden. Neben einer Frequenzharmonisierung würde eine internationale Standardisierung von Datenformaten, Luftschnittstellen und Kommunikationsprotokollen eine unternehmens- und länderübergreifende Einführung erleichtern. Ein weiterer wichtiger Punkt ist der Verbraucherschutz, welcher noch geregelt werden sollte. Auch ist anzumerken, dass die Installation einer neuen Technologie zu hohen Umstellungskosten führen kann, welche sich erst nach längerer Zeit amortisieren.

6. Literaturverzeichnis

Bartneck, Norbert; Klaas, Volker; Schönherr, Holger (2008): Prozesse Optimieren mit RFID und Auto-ID: Grundlagen, Problemlösungen und Anwendungsbeispiele. Wiley-VCH.

Baumann, Gerd; Baumgart, Michael; Geltinger, Alfred; Kähler, Volker; Lewerenz, Wolfgang; Schliebner, Inka (2004): Logistische Prozesse – Berufe in der Lagerlogistik. Bildungsverlag Eins – Gehlen.

BITKOM Bundesverband Informationswirtschaft, Telekommunikation und neue Medien (2005): White Paper RFID, Technologie, Systeme und Anwendungen - Ein Überblick für Unternehmen, die ihre IT-Systeme direkt mit der „realen" Welt verbinden möchten und dafür den Einsatz von RFID-Technologie planen. Berlin.

Bovenschulte, Marc; Gabriel, Peter; Gaßner, Katrin; Seidel, Uwe (2007): Bundesministerium für Wirtschaft und Technologie – RFID: Potenziale für Deutschland – Stand und Perspektiven von Anwendungen auf Basis der Radiofrequenz – Identifikation auf den nationalen und internationalen Märkten. VDI/VDE Innovation + Technik GmbH. Deutschland.

Mucha, Manfred; Siepenkort, André; Müller, Michael (2008): Bundesministerium für Wirtschaft und Technologie – RFID: Einsatzmöglichkeiten in Lagersystemen. ECC Stuttgart-Heilbronn. Deutschland.

Busschop, Kurt; Mitchell, Kevin; Proud, Stephen (2005): Supply Chain Management Viewpoint - The role of RFID in supply chain planning. Accenture.

Centrale für Coorganisation (CCG) GmbH (2001): EAN 128.

Duscha, Andreas (2006): RFID und Barcode – ein Vergleich. ECC – E-Commerce – Center Handel.

Finkenzeller, Klaus (2006): RFID Handbuch – Grundlagen und praktische Anwendungen induktiver Funkanlagen, Transponder und kontaktloser Chipkarten. Hanser. München; Wien.

Gadatsch, Andreas (2007): Grundkurs Geschäftsprozess-Management. Vieweg-Verlag. Wiesbaden.

Gleißner, Harald; Femerling, Christian J. (2008): Logistik. Gabler. Wiesbaden.

Grau, René (2006): Report: Bausatz für RFID-Scanner – RFID-Lesegerät im Eigenbau. http://www.testticker.de/praxis/home_computing/article20060608044.aspx, Abgerufen 19.02.2009

GS1 Austria (2009): DER GS1-128 (EAN-128) Strichcode – Automatische Identifikation mit Mehrwert. http://www.ean.co.at, Abgerufen am 20.02.2009

GS1 Germany (2009): Der EPC. http://www.gs1-germany.de/content/index_ger.html, Abgerufen 21.02.2009

Gudehus, Timm (1973): Grundlagen der Kommissioniertechnik – Dynamik der Warenverteilung und Lagersysteme. Verlag W. Girardet. Essen.

Günther, Oliver; Kletti, Wolfhard; Kubach, Uwe (2008) RFID in Manufacturing. Springer Verlag. Berlin.

Hompel, Michale Ten; Schmidt, Thorsten (2005): Warehouse Management – Automatisierung von Lager- und Kommissioniersystemen. Springer. Dortmund.

Hompel, Michale Ten; Schmidt, Thorsten (2003): Warehouse Management – Automatisierung von Lager- und Kommissioniersystemen. Springer. Dortmund.

Hudetz, Kai (2005): RFID im Mittelstand – Erfahrungen aus einem Pilotprojekt. Institut für Handelsforschung an der Universität Köln.

IBM (2009): RFID als Motor der Innovation. http://www-01.ibm.com/software/de/websphere/rfid.html, abgerufen am 23.01.2009

Informationsforum RFID (2006): RFID – Leitfaden für den Mittelstand. Informationsforum RFID e. V. Berlin.

Koether, Reinhard (2008): Taschenbuch der Logistik. Hanser Verlag. München.

Kuck, Regina (2007): Entwicklung eines Referenzmodells für Kommissionierungsprozesse auf Basis gängiger Kommissionierverfahren. Diplomarbeit. fml - Lehrstuhl für Fördertechnik Materialfluss Logistik. Technische Universität München.

Kummer, Sebastian (2003): Lehrunterlagen für die Vorlesung Beschaffung – Logistik – Produktion. Wirtschaftsuniversität Wien.

Marx-Gómez, Jorge (2004): ARIS-Haus, Vorlesungsunterlagen. Arbeitsgruppe Wirtschaftsinformatik Magdeburg.

Michel, Yann-Rudolf (2004): RFID-Technologie. Institut für Informatik - Freie Universität Berlin.

Oertel, Britta; Wölk, Michaela; Hilty, Lorenz; Köhler, Andreas; Kelter, Harald; Ullmann, Markus; Wittmann, Stefan (2004): Bundesamt für Sicherheit in der Informationstechnik – Risiken und Chancen des Einsatzes von RFID-Systemen. IZT – Institut für Zukunftsstudien und Technologiebewertung und der Eidgenössischen Materialprüfungs- und Forschungsanstalt (EMPA). Bonn.

OPAL (2009): Barcode mit SAPConsole in SAP. http://www.handheld-loesungen.com/sapconsole.htm, abgerufen am 23.01.2009

PAPSTAR (2006): PAPSTAR – Standardkonforme Kommissionierung und Auslieferung mit RFID. PAPSTAR Präsentation. RFID-Praxistag.

PAPSTAR (2009): RFID-Technologie. http://www.papstar.de/servlet/PB/menu/1013133_l1/index.html, Abgerufen am 22.01.2009

Pfingsten, Andreas; Rammig, Franz (2006): Informatik bewegt! – Informationstechnik in Verkehr und Logistik. acatech. Düsseldorf

Preis, Mario (2006): Datenerfassung in RFID-gestützten Logistiknetzwerken. Institut für Wirtschaftsinformatik, Abt. WI II. Georg-August-Universität. Göttingen.

RFID Basis – Das RFID-Informations-Portal (2008): Vergleich Barcode / RFID. http://www.rfid-basis.de/barcode_vs_rfid.html, Abgerufen am 19.01.2009

RFID im Blick (2008): Das Potenzial ist bei Weitem noch nicht ausgeschöpft. http://rfid-im-blick.de/RFID-in-der-Diskussion/Interviews/Das-Potenzial-ist-bei-Weitem-noch-nicht-ausgeschopft.html, Abgerufen am 22.01.2009

RFID Journal (2009): RFID Kosten. http://www.rfid-journal.de/rfid-kosten.html, Abgerufen am 21.01.2009

Sattelegger, Stephan; Steiner, Thomas; Plundrak, Jörg (2007): RFID. Abteilung für Wirtschaftsinformatik. Wirtschaftsuniversität Wien.

Schimke, Diana; Cozacu, (2006): RFID – Chancen und Risiken. http://www.schulemachtzukunft2006-068.de/projekterg_chrisk.html, Abgerufen am 20.02.2009

Scholz-Reiter, Bernd; Gorldt, Christian; Hinrichs, Uwe; Tervo, Jan Topi; Lewandowski, Marco (2007): RFID - Einsatzmöglichkeiten und Potenziale in logistischen Prozessen. Mobile Research Center. Bremen.

Sehorz, Eugen (2002): Das EAN-System: Warum international einheitliche Standards für die Wirtschaft notwendig sind. Elektronisches Datenmanagement in der Abfallwirtschaft – Haus der Industrie.

Seidlmeier, Heinrich (2006): Prozessmodellierung mit ARIS – Eine beispielorientierte Einführung für Studium und Praxis. Vieweg. Wiesbaden.

Scheer, August-Wilhelm (1998): ARIS – Modellierungsmethoden, Metamodelle, Anwendungen. Springer. Berlin.

Steiner, Martin (2004): Neuentwicklungen in der Kommissionierung. Diplomarbeit WU Wien.

VDI-Handbuch (2005): VDI Richtlinie 3590 Blatt 1 – Kommissioniersysteme Grundlagen. Beuth Verlag. Berlin.

ZDNet.de (2008): ZDNet CeBIT-Special 2008 – Identifikation überall mit RFID und Co.
http://www.zdnet.de/specials/cebit2008/0,39039319,39185914,00.htm, Abgerufen am 22.02.2009

Zuchi, Dagmar (2006): IS-Projektmanagement und Teamarbeit. Projektmanagement Group. Foliensatz 2006/07. Wirtschaftsuniversität Wien.

Anhang A

AI	Langtext	Kurzbezeichnung	Daten-feld[1]	Beispiel
00	Serial Shipping Container Code [2]	SSCC	n18	(00)3 9012345678901234 5
01	Global Trade Item Number Identifikation einer Handelseinheit	GTIN	n14	(01)09012345678906
02[3]	GTIN Identifikation von Handelseinheiten enthalten in einer Transporteinheit	CONTENT	n14	(02)09012345111113
10	Chargennummer	BATCH/LOT	an..20	(10)AX1234[4]
11	Herstellungsdatum	PROD DATE	n6	(11)061023
13	Packdatum	PACK DATE	n6	(13)060704
15	Mindesthaltbarkeitsdatum (Qualität)	BEST BEFORE oder SELL BY	n6	(15)080913
17	Verfallsdatum (Sicherheit)	USED BY oder EXPIRY	n6	(17)080930
20	Produktvariante	VARIANT	n2	(20)56
21	Seriennummer	SERIAL	an..20	(21)967321
251	Bezug auf die Ursprungseinheit	REF TO SOURCE	an..30	(251)040269573326
30	Menge in Stück	VAR. COUNT	n..8	(30)2200
310(x)	Nettogewicht	NET WEIGHT (kg)	n6	(3103)048000
311(x)	Länge/Dimension 1	LENGTH (m)	n6	(3110)008000
312(x)	Breite/Dimension 2	WIDTH (m)	n6	(3121)000070
313(x)	Höhe/Dimension 3	HEIGHT (m)	n6	(3133)004523
314(x)	Fläche	AREA (m²)	n6	(3143)007865
315(x)	Nettovolumen, Liter	VOLUME (l)	n6	(3152)897689
316(x)	Nettovolumen, Kubikmeter	VOLUME (m³)	n6	(3164)007870
320(x)	Nettogewicht (engl. Pounds)	NET WEIGHT (lb)	n6	(3203)008075
37[3]	Anzahl der in der Transporteinheit enthaltenen Handelseinheiten	QUANTITY	n..8	(37)0240
400	Bestell-/Auftragsnummer des Warenempfängers	ORDER NUMBER	an..30	(400)17909
401	Sendungsnummer	CONSIGNMENT	an..30	(401)78785
410	Global Location Number (GLN) des Warenempfängers	SHIP TO LOC	n13	(410)9012345000004
412	Global Location Number (GLN) des Lieferanten	PURCHASE FROM	n13	(412)9056789 00000 8
8003	Global Returnable Asset Identifier (GRAI) Identifikation für Mehrwegtransportbehälter/-verpackungen	GRAI	n14+an..16	(8003)09012345175627 145437

Abbildung 36 - Auszug aus der Application Identifier (AI) Liste (GS1 Austria 2009)

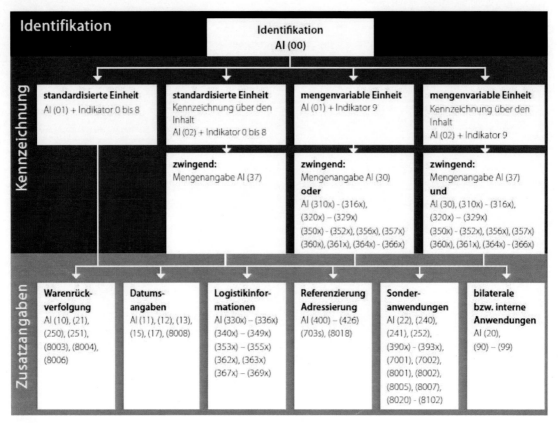

Abbildung 37 - Einteilung der Application Identifier (AI) nach der Informationshierarchie

Anhang B

Das ARIS-Haus nach Scheer (1998) wird in fünf Beschreibungssichten eingeteilt:

- Die Organisationssicht ist eine Unterteilung eines komplexen sozialen Gebildes, welches meist hierarchisch abgebildet wird.
- Die Datensicht beschreibt Objekte im Prozess, welche miteinander kommunizieren oder Daten generieren.
- In der Funktionssicht werden die Funktionen des Systems aufgeführt, welche einen Vorgang bezeichnen, der Objekte erzeugt oder verändert.
- Die Leistungssicht, zeigt Leistungen, welche als Input oder Output von Prozessen fungieren.
- Die Steuerungssicht führt die vorherigen Sichten zusammen und zeigt Zusammenhänge auf.

(Marx-Gómez 2004, Seidlmeier 2006)

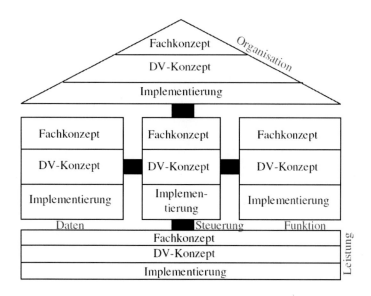

Abbildung 38 - ARIS-Haus (Scheer 1998)

Wie in Abbildung 38 dargestellt, unterteilen sich alle Sichten in drei Beschreibungsebenen.

- Im *"Fachkonzept werden der Istzustand und der Sollzustand in Modellen formalisiert beschrieben. Es dient als Ausgangspunkt für die konsistente Umsetzung in eine informationstechnische Anwendung"* (Seidlmeier 2006, S. 23).
- Das DV-Konzept (Datenverarbeitungskonzept) setzt die beschriebenen organisatorischen Inhalte des Fachkonzepts in die Sprache der Informationstechnik um.
- In *"der Implementierung wird das DV-Konzept konkret durch Hardware- und Software-Komponenten realisiert"* (Seidlmeier 2006, S. 24).

(Seidlmeier 2006)

Es wurden nun die einzelnen Sichten des ARIS-Hauses beschrieben. Als nächstes werden die ausgewählten Modelle für die einzelnen Sichten vorgestellt und es wird kurz auf die Notationen eingegangen. In der Bakkalaureatsarbeit wird sich auf die Organisations-, Daten-, Funktions- und Steuerungssicht beschränkt. Die Leistungssicht wird in dieser Arbeit nicht modelliert. Abbildung 39 veranschaulicht die Modellierungsmöglichkeit der einzelnen Beschreibungssichten und Beschreibungsebenen.

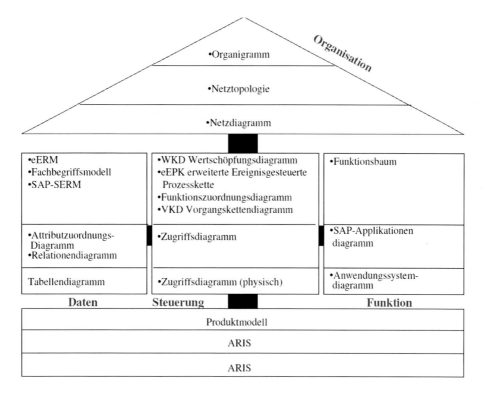

Abbildung 39 - ARIS-Haus mit typischen Modellen in den Sichten (Gadatsch 2007)

B.1. Organigramm

Für die Modellierung der Organisationsschicht, welche statische Strukturen der Aufbauorganisation darstellt, wird diese in ARIS mit dem Modell des Organigramms abgebildet. Sie zeigt die Strukturierung von Aufgaben, Organisationseinheiten und deren Beziehungen. Organisationseinheiten werden durch Ellipsen mit einem senkrechten Strich im linken Bereich dargestellt, können jedoch in der Organisationsliteratur auch als Rechteck vorkommen. In Abbildung 40 wird die ganze Notation mit Beispielen für das Organigramm dargestellt. Ein Musterbeispiel für ein komplett modelliertes Organigramm ist in Abbildung 46 dargestellt. (Seidlmeier 2006)

Symbol	Benennung	Bedeutung	Kanten-/Knotentyp
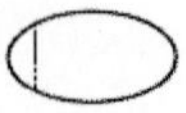 ⬭	Organisationseinheits-Typ	Typisierung der Hierarchieebene, z. B. Geschäftsbereich, Abteilung	Organisationsknoten
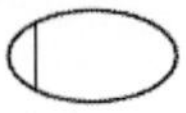 ⬭	Organisationseinheit	Konkreter Aufgabenträger einer Hierarchieebene, z. B. Abt. VB7 (Vertriebsbüro 7)	Organisationsknoten
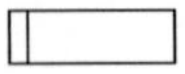 ▭	Stelle	Elementare Untergliederung der Organisationseinheit, zu der eine Stellenbeschreibung hinterlegt ist z. B. Sachbearbeiter Verkauf – Ost	Organisationsknoten
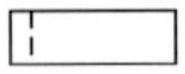 ▭	Personen-Typ	Typisierung der Personalhierarchie z. B. Abteilungsleiter, Gruppenleiter, Referent, Sachbearbeiter	Organisationsknoten
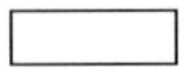 ▭	Person	Konkreter Mitarbeiter z. B. Hans Müller	Organisationsknoten
—	Hierarchiezuordnung	Beschreibung des Unterstellungsverhältnisses, z. B. „ist fachlich vorgesetzt", „ist disziplinarisch vorgesetzt"	Zurordnungsbeziehungskante

Abbildung 40 - ARIS Notation für das Organigramm (Gadatsch 2007)

B.2. Entity Relationship Modell

Die Datensicht wird in dieser Bakkalaureatsarbeit mittels Entity-Relationship Modell (ERM) abgebildet. Dieses von Chen entwickelte Modell ist eine weit verbreitete, jedoch komplexe und streng formale Grundlage zur Systementwicklung, wie den Datenbankentwurf. Die Grundnotation eines ERM sind Entitäten, welche Daten- oder Informationsobjekte darstellen, und Beziehungen (Relationen), die eine logische Verknüpfung zwischen Entitäten sind. Des Weiteren können Entitäten durch Attribute beschrieben werden. Um den Typ einer Beziehung genau zu beschreiben, wird an den Kanten, welche Entität und Relation verbinden, eine Kardinalität geschrieben. Abbildung 41 zeigt die Kernelemente der Datenmodellierung zusammengefasst. (Seidlmeier 2006)

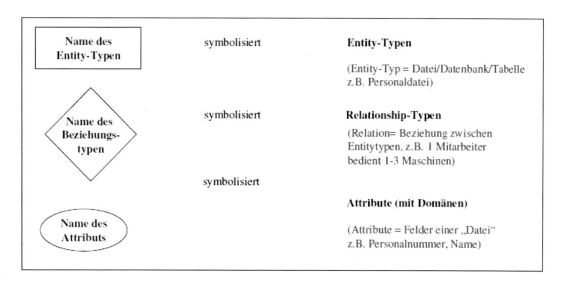

Abbildung 41 - Kernelemente der Datenmodellierung (Gadatsch 2007)

B.3. Funktionsbaum

„Eine Funktion in ARIS ist eine fachliche Aufgabe, ein Vorgang beziehungsweise eine Tätigkeit an einem Objekt zur Erreichung eines oder mehrerer Unternehmensziele" (Seidlmeier 2006, S. 53). Die Funktionssicht wird in dieser Arbeit mittels eines Funktionsbaumes modelliert, Funktionsbäume *„strukturieren eine Menge von Funktionen nach ausgewählten Kriterien in hierarchischer, grafischer Form"* (Seidlmeier 2006, S. 54), wenn allgemeine Funktionen in spezielle Teilfunktionen gegliedert werden. Strukturierungskriterien können Objekte (z.B. Auftrag, Rechnung,…), Verrichtungen (z.B. prüfen, stellen,…) oder Prozesse (Auftrag und Rechnung abwickeln) sein. (Seidlmeier 2006)

Symbol	Benennung	Bedeutung	Kanten-/Knotentyp
	Funktion	Beschreibung der Transformation eines Objektes von einem Inputzustand in einen Outputzustand	Aktivitätsknoten
———	Hierarchiezuordnung	Beschreibung der hierarchischen Zuordnung.	Zuordnungsbeziehungskante

Abbildung 42 - Notation eines Funktionsbaumes (Gadatsch 2007)

Regeln für die Erstellung eines Funktionsbaumes sind:

- Unter einer gemeinsamen Vaterfunktion sollen nur Funktionen angeordnet sein, die fachlich eng zusammengehörende Tätigkeiten beschreiben.
- Auf einer Hierarchieebene sollen Funktionen angeordnet sein, die sich auf gleichem Abstraktionsniveau befinden.

B.4. Ereignisgesteuerte Prozesskette

Modelle in der Steuerungssicht beschreiben den ablaufbezogenen, zeitlich-logischen Zusammenhang von Funktionen. Für diese Arbeit wird die Kommissionierung mittels einer ereignisgesteuerten Prozesskette modelliert und als Hauptgrundlage für den Vergleich der beiden Systemen dienen. *„Prozesse (der Steuerungssicht) sind prinzipiell logische Abfolgen von Funktionen. Eine Funktion (in ARIS) ist eine fachliche Aufgabe, ein Vorgang beziehungsweise eine Tätigkeit an einem Objekt zur Erreichung eines oder mehrerer Unternehmensziele (Beispiele: „Rechnung prüfen", „Planung durchführen")"* (Seidlmeier 2006, S. 76). Notationen einer ereignisgesteuerten Prozesskette werden in Abbildung 43 dargestellt. (Seidlmeier 2006)

Ereignis	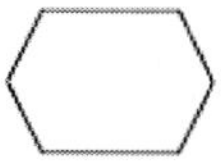 ⬡	Mit dem Ereignis wird ein eingetretener Zustand beschrieben.
Funktion	 ▭	Mit der Funktion wird der Übergang von einem Ausgangszustand in den Folgezustand beschrieben.
Verknpüfungs-operatoren	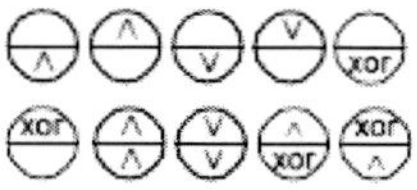 ∧ ∧ ∨ ∨ xor / xor ∧ ∧ ∨ xor ∨	Mit den Operatoren werden Ereignisse und Funktionen verknüpft.
Kontrollfluss Zuordnung	 ----> ⎯⎯	Die Zuordnung verbindet beispiels-weise eine Organisationseinheit mit einer Funktion.
Organisationseinheit	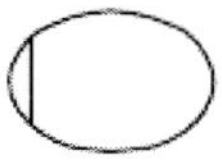 ⬭	Die Organisationseinheit beschreibt die Gliederungsstruktur eines Unternehmens.
Umfelddaten	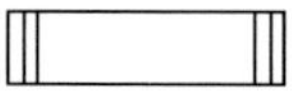 ▯	Ein- und Ausgabedaten, im Zusammenhang mit Funktionen
Informationsfluss	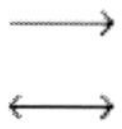 ⎯→ ⟷	Bezeichnet den Datenfluss zwischen Funktionen und assoziierten Umfelddaten.
Methode	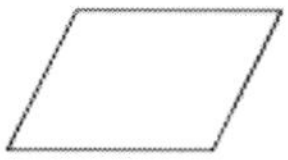 ▱	Methoden werden über das Zuordnungselement mit Funktionen assoziiert.

Abbildung 43 - Notation eines EPKs

Funktionen können nur ausgeführt werden, wenn auslösende Ereignisse vorliegen (siehe Abbildung 44). Ereignisse, welche auf einen Zeitpunkt bezogen, und Funktionen, die „Zeit verbrauchend" sind, werden durch Kanten im Sinne eines Kontrollflusses verbunden.

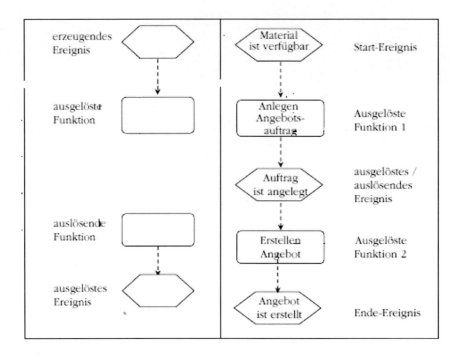

Abbildung 44 - Beispiel einer elementaren EPK (Gadatsch 2007)

Regeln für die EPK Modellierung:

- Jede EPK beginnt und endet mit mindestens einem Ereignis.
- Funktionen und Ereignisse wechseln einander ab.
- Konnektoren (Verknüpfungsoperatoren) dürfen mit Konnektoren verbunden werden.
- Einem Ereignis darf kein öffnendes OR und XOR folgen.
- Ereignisse können keine Entscheidungen treffen, das übernehmen die Funktionen.
- Eine Verzweigung wird gegebenenfalls mit demselben Verknüpfungsoperator geschlossen, mit dem sie geöffnet wurde.

(Scheer 1998)

Anhang C

Das Referenzmodell von Pfingsten und Rammig (2006), diente als Grundlage für meine Ausarbeitung und Modellierung.

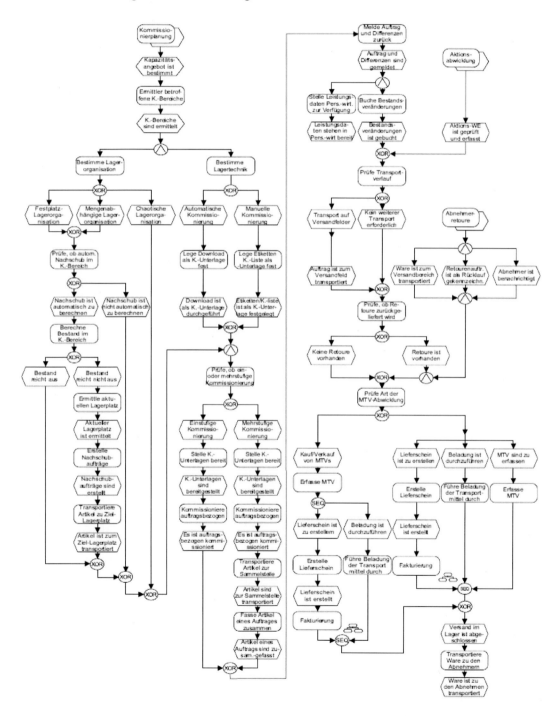

Abbildung 45 - Referenzmodell Kommissionierung – Allgemein (Pfingsten und Rammig 2006)

Anhang D

Beispiele für die Modellierung in ARIS.

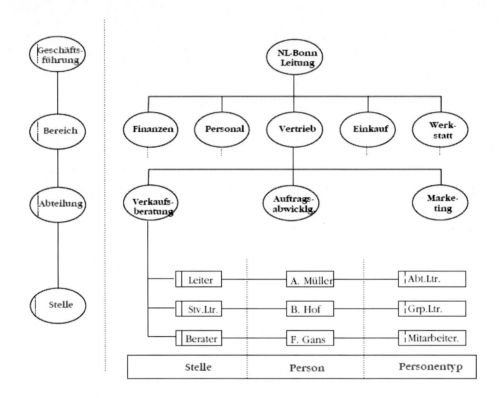

Abbildung 46 - Beispiel eines Organigramms (Gadatsch 2007)

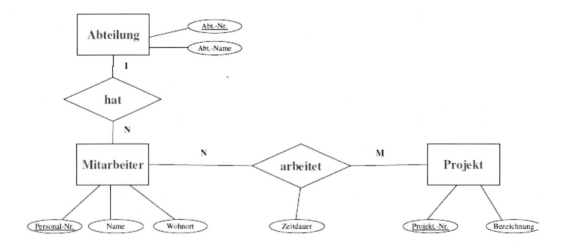

Abbildung 47 - Beispiel eines ER-Modells (Gadatsch 2007)

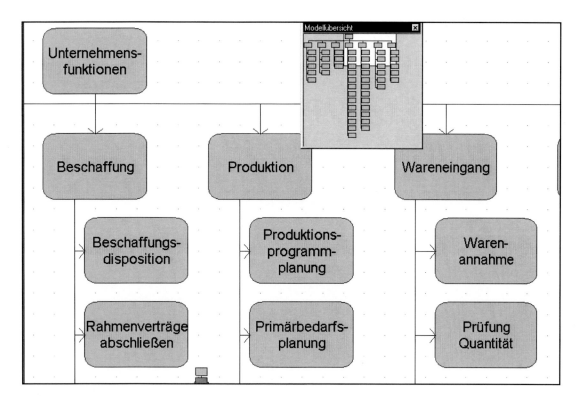

Abbildung 48 - Beispiel eines Funktionsbaumes (IDS/ARIS-Toolset)

Autorenprofil

Sebastian Klimonczyk, B.Sc. (WU)

Geb. 21. Oktober 1983 in Wien,
Wohnort Wien

Ausbildung:

1990 – 1993	Volksschule Neustift am Walde 1190 Wien
1993 – 1994	Volksschule Marco Polo 1210 Wien
1994 – 2002	Bundesrealgymnasium 21, „Bertha von Suttner" - Schulschiff
2002 – 2009	Bachelor-Studium Wirtschaftsinformatik und Diplom-Studium Internationale Betriebswirtschaft
2004 – voraussichtlich 2010	Diplom-Studium Management Science (Wirtschaftswissenschaften) – Wirtschaftsuniversität Wien
2009 – voraussichtlich 2010	Master-Studium in Wirtschaftinformatik – Wirtschaftsuniversität Wien

Berufliche und praktische Erfahrungen:

1995 – Jetzt	Kellnern/Servieren im Restaurant Lena (Lokal der Eltern)
2000 – 2007	Guesthosting für Wiener Residenzorchester
2008	GVO – Catering für Do&Co bei der EM2008
seit Juli 2008 - Jetzt	bei der Promotion-Agentur „easystaff" tätig. Unter anderem für Sharp, musicload.at, mobilkom Austria, Microsoft Hardware und Acer promotet. 2010 als bester Microsoft-Hardware Promoter ausgezeichnet.
seit Oktober 2008 - Jetzt	bei der Promotion-Agentur Avantgarde tätig. Unter anderem für Philip Morris (Marlboro Gold, L&M) und Mango promotet
seit Juni 2009 - Jetzt	bei der Promotion-Agentur Proevent tätig. Unter anderem für SPÖ EU-Wahlkampf, Camelbase.at, Orbit Smile Award, MA28, Ubissoft und urbanbase.at promotet

Kenntnisse und Fähigkeiten:

Computerkenntnisse:	umfangreiche Kenntnisse: MS Office, Photoshop, HTML Grundkenntnisse: SAP, MS Navision, ArcGIS, ARIS, Java, Netzwerktechnik
Sprachkenntnisse:	Deutsch, Polnisch (fließend) Englisch (gut) Spanisch (Schulniveau) Chinesisch (1-Semester als Freies Wahlfach)

Berufliche Interessen:

Investment Banking, Broker, Fondmanager, Marketing

Private Interessen:

Börse, Sport, Musik, Comics, Unterhaltungselektronik